商務
科普館

提供科學知識
照亮科學之路

景鴻鑫◎主編

航向天空

臺灣商務印書館

航向天空／景鴻鑫主編. --初版. --臺北市：臺
灣商務，2012.06
　　面　；　公分. --（商務科普館）

ISBN 978-957-05-2713-1(平裝)

1. 太空工程　2. 航空　3. 文集

447.907　　　　　　　　　　　　101007001

商務科普館

航向天空

作者◆景鴻鑫主編

發行人◆施嘉明

總編輯◆方鵬程

主編◆葉幗英

責任編輯◆徐平

美術設計◆吳郁婷

出版發行：臺灣商務印書館股份有限公司

臺北市重慶南路一段三十七號

電話：(02)2371-3712

讀者服務專線：0800056196

郵撥：0000165-1

網路書店：www.cptw.com.tw

E-mail：ecptw@cptw.com.tw

網址：www.cptw.com.tw

局版北市業字第 993 號

初版一刷：2012 年 6 月

定價：新台幣 300 元

科學月刊叢書總序

◎—林基興

《科學月刊》社理事長

公益刊物《科學月刊》創辦於 1970 年 1 月，由海內外熱心促進我國科學發展的人士發起與支持，至今已經四十一年，總共即將出版五百期，總文章篇數則「不可勝數」；這些全是大家「智慧的結晶」。

《科學月刊》的讀者程度雖然設定在高一到大一，但大致上，愛好科技者均可從中領略不少知識；我們一直努力「白話說科學」，圖文並茂，希望達到普及科學的目標；相信讀者可從字裡行間領略到我們的努力。

早年，國內科技刊物稀少，《科學月刊》提供許多人「（科學）心靈的營養與慰藉」，鼓勵了不少人認識科學、以科學為志業。筆者這幾年邀稿時，三不五時遇到回音「我以前是貴刊讀者，受益良多，現在是我回饋的時候，當然樂意撰稿給貴刊」。唉呀，此際，筆者心中實在「暢快、叫好」！

《科學月刊》的文章通常經過細心審核與求證，圖表也力求搭配文章，另外又製作「小框框」解釋名詞。以前有雜誌標榜其文「歷久彌新」，我們不敢這麼說，但應該可說「提供正確科學知識、增進智性刺激思維」。其實，科學也只是人類文明之一，並非啥「特異功能」；科學求真、科學可否證（falsifiable）；科學家樂意認錯而努力改進——這是科學快速進步的主因。當然，科學要有自知之明，知所節制，畢竟科學不是萬能，而科學家不

可自以為高人一等，更不可誤用（abuse）知識。至於一些人將科學家描繪為「科學怪人」（Frankenstein）或將科學物品說成科學怪物，則顯示社會需要更多的知識溝通，不「醜化或美化」科學。科學是「中性」的知識，怎麼應用科學則足以導致善惡的結果。

科學是「垂直累積」的知識，亦即基礎很重要，一層一層地加增知識，逐漸地，很可能無法用「直覺、常識」理解。（二十世紀初，心理分析家弗洛伊德跟愛因斯坦抱怨，他的相對論在全世界只有十二人懂，但其心理分析則人人可插嘴。）因此，學習科學需要日積月累的功夫，例如，需要先懂普通化學，才能懂有機化學，接著才懂生物化學等；這可能是漫長而「如倒吃甘蔗」的歷程，大家願意耐心地踏上科學之旅？

科學知識可能不像「八卦」那樣引人注目，但讀者當可體驗到「知識就是力量」，基礎的科學知識讓人瞭解周遭環境運作的原因，接著是怎麼應用器物，甚至改善環境。知識可讓人脫貧、脫困。學得正確科學知識，可避免迷信之害，也可看穿江湖術士的花招，更可增進民生福祉。

這也是我們推出本叢書（「商務科普館」）的主因：許多科學家貢獻其智慧的結晶，寫成「白話」科學，方便大家理解與欣賞，編輯則盡力讓文章賞心悅目。因此，這麼好的知識若沒多推廣多可惜！感謝臺灣商務印書館跟我們合作，推出這套叢書，讓社會大眾品賞這些智慧的寶庫。

《科學月刊》有時被人批評缺乏彩色，不夠「吸睛」（可憐的家長，為了孩子，使盡各種招數引誘孩子「向學」）。彩色印刷除了美觀，確實在一些說明上方便與清楚多多。我們實在抱歉，因為財力不足，無法增加彩色；還好不少讀者體諒我們，「將就」些。我們已經努力做到「正確」與「易懂」，在成本與環保方面算是「已盡心力」，就當我們「樸素與踏實」吧。

從五百期中選出傑作，編輯成冊，我們的編輯委員們費了不少心力，包

括微調與更新內容。他們均為「義工」，多年來默默奉獻於出點子、寫文章、審文章；感謝他們的熱心！

　　每一期刊物出版時，感覺「無中生有」，就像「生小孩」。現在本叢書要出版了，回顧所來徑，歷經多方「陣痛」與「催生」，終於生了這個「智慧的結晶」。

「商務科普館」
刊印科學月刊精選集序

◎──方鵬程

臺灣商務印書館總編輯

「科學月刊」是臺灣歷史最悠久的科普雜誌，四十年來對海內外的青少年提供了許多科學新知，導引許多青少年走向科學之路，為社會造就了許多有用的人才。「科學月刊」的貢獻，值得鼓掌。

在「科學月刊」慶祝成立四十周年之際，我們重新閱讀四十年來，「科學月刊」所發表的許多文章，仍然是值得青少年繼續閱讀的科學知識。雖然說，科學的發展日新月異，如果沒有過去學者們累積下來的知識與經驗，科學的發展不會那麼快速。何況經過「科學月刊」的主編們重新檢驗與排序，「科學月刊」編出的各類科學精選集，正好提供讀者們一個完整的知識體系。

臺灣商務印書館是臺灣歷史最悠久的出版社，自一九四七年成立以來，已經一甲子，對知識文化的傳承與提倡，一向是我們不能忘記的責任。近年來雖然也出版有教育意義的小說等大眾讀物，但是我們也沒有忘記大眾傳播的社會責任。

因此，當「科學月刊」決定挑選適當的文章編印精選集時，臺灣商務決定合作發行，參與這項有意義的活動，讓讀者們可以有系統的看到各類科學

發展的軌跡與成就，讓青少年有興趣走上科學之路。這就是臺灣商務刊印
「商務科普館」的由來。

　　「商務科普館」代表臺灣商務印書館對校園讀者的重視，和對知識傳播
與文化傳承的承諾。期望這套由「科學月刊」編選的叢書，能夠帶給您一個
有意義的未來。

2011 年 7 月

主編序

◎—景鴻鑫

科學月刊是臺灣文化界一個非常特殊的現象。一個由海外留學生起頭的刊物,轉輾轉回到臺灣,只為傳播科學知識給臺灣的大中學生。在完全不追求利潤的情形下,卻能夠憑著一代又一代學者專家們的熱誠奉獻,一脈相承而存活了四十餘年,堪稱臺灣科學界的一大奇蹟。

科月所走過的足跡,就是臺灣四十年來科學發展的過程,也是臺灣科學教育的側寫,再加上科月本身就呈現出幾代讀書人對社會的關懷,與奉獻的心血,科月的每一步都是具有歷史意義的篇章。

欣聞科月與臺灣商務印書館合作出版科普專書,將科月四十年來的生命做一具體的呈現,此乃具里程碑意義的大事,當然值得我輩全力投入。

航太科技是永恆的高科技,隨著時代的進展,臺灣自然不能自絕於最尖端的科技之林。多少年來,臺灣雖然沒有能力在航太科技領域內占有領先的地位,但是,我們所走過的足跡也是值得記載的心血結晶。

本書所收集的是部分在科月發表過的文章,由於字數的限制,許多佳作不得不割愛。本書共選了十八篇文章,航空方面九篇,太空方面也九篇。航空方面有四篇是有關航空歷史,除了兩篇討論人類航空發展的歷史之外,一篇關於大陸航空的發展,一篇則是記載臺灣的飛行前輩。在航空科技的領域

內，跟一般人最有關係的一定是飛航安全。飛航安全也是臺灣社會的重大課題，因此，本書選了四篇飛航安全的相關文章。

太空方面也有四篇是有關歷史的文章，一篇是人類的太空發展，兩篇討論人類太空發展最重要的大事——登陸月球，還有一篇則是記載臺灣華衛一號的誕生。在太空科技的領域內，由於臺灣並未積極的參與，所選的四篇均著重在科技的本身。一篇是淺談人造衛星，一篇則是介紹已經跟一般人關係密切的全球定位系統。另兩篇則集中介紹大陸的太空發展，一篇是關於大陸的長征火箭，另一篇則是關於載人太空飛行。

科技的發展本身就是一種文化，因此，本書在航空太空領域內，各選一篇科技文化的文章，作為本書的階段性總結。也算是一種提示，提示科技發展的根是在文化，科技要蓬勃，一定不能忽視文化的影響。

希望本書的集結出版，能夠為科月留下歷史紀錄貢獻一己的微薄心力，如此，則余願足矣。

CONTENTS
目　錄

實現飛行的夢想

◎—景鴻鑫

任教於成功大學航空太空研究所

西方歷史記載中，第一次試圖去製造航空器的是十五世紀的達文西，但真正實現人類飛行夢想的卻是四百年後的萊特兄弟。

飛行大概是人類潛藏在心底最深處、最久遠的渴望之一。世界各民族，不論東西南北，其傳統文化中，無不充滿了各式各樣飛行的傳說與神話。雖然人類自古以來想飛都快想瘋了，但始終不了解人類要如何才能飛得起來，也不知道神仙是如何飛的。因此，在古老的神話中，會飛的神仙固然很多，但是有關他們如何飛，或是藉著什麼來飛，人類卻完全不知道。

既然人類不是神，歷史上似乎也沒有神仙下凡來教人類該怎麼飛，人類只好憑空幻想，創造出各式各樣的飛行方法。於是，在世界各國的神話中，就出現了各種神奇又令人嘆為觀止的飛行方法。例如：封神榜中的哪吒腳踏風火輪[1]、西遊記中孫悟空駕的筋斗雲、嫦娥奔月中嫦娥偷吃的仙丹、阿拉伯「一千零一夜」中的飛毯、聖

經中長了翅膀的天使，以及童話故事中巫婆最使用的掃帚等等。可見人類對飛行的崇拜、渴望與嚮往，在古往今來的各民族文化中的各類經典裡表露無疑！

掌握飛行的關鍵

在西方的歷史中，有正式記載第一次真正試圖去製造航空器的，是十五世紀的達文西（Leonardo da Vinci），他曾經參考鳥類與蝙蝠的翅膀，設計過數種航空器。十八世紀時，法國人 Joseph & Etienne Montgolfier 製造出一具熱氣球，並進行過載人飛行。到了十九世紀，人類飛上青天的夢想，開始露出曙光。英國的航空之父喬治・卡萊（George Cayley）在 1804 年開始設計滑翔機的模型。一般鳥類翅膀揮動時，能同時發揮升力、推進與控制的功能。其機制複雜到人類今天都無法仿造，這也是為什麼人類觀察鳥類飛行數千年，卻仍一無進展的原因。卡萊的最主要的貢獻是在觀念上，他體會到

---

1. 在目前人類所知的飛行神話中，毫無疑問是最傑出的創作！雖然是已經老得不能再老的幻想，但卻與新得不能再新的航空科技有著令人讚嘆不已的相似點，如果我們能夠從正在運作中之噴射引擎的噴嘴裡望進去的話，我們將會看到，中間噴著熊熊的烈火，周圍繞著高速旋轉、充滿輻射狀葉片的渦輪或壓縮機，捲起高速吹襲的風。高速吹襲的風，熊熊燃燒的火，加上高速旋轉的輪，這不正是一幅現代風火輪嗎？

人類無法模仿鳥類拍翼的動作，僅能模仿滑翔，而將升力、推進與控制分開。且清楚的指出，所謂的飛行，即是用一傾斜平面，以抵抗阻力的方式來提供升力，與風箏飛行的道理完全相同，進而達到飛行的目的。

　　1891 年號稱第一個會飛的人類，德國工程師 Otto Lilienthal 經過多年研究鳥類翅膀構造及飛行原理之後，開始測試他所設計的一系列滑翔翼。Lilienthal 總共設計過十八種不同的滑翔翼，進行過兩千次的飛行。由於他所設計的滑翔翼缺乏控制的能力，造成他最後死於飛行失控的墜毀中。他的飛行經驗為後來的人鋪下康莊大道。

　　1878 年，美國有一位萊特先生送了一個玩具竹蜻蜓給他的兩個小孩──萊特兄弟（Orvile and Wilbur Wright, 圖一），從此激發了兄弟兩人對飛行的狂熱，並促成萊特兄弟在實現人類飛行夢想上不朽的貢獻。萊特兄弟是修理腳踏車出身的黑手，父親是傳教士，母親則大學數學系畢業，他們兄弟二人卻連高中都沒畢業，但卻有著廣泛的興趣與堅強的意志。1896 年 Lilienthal 的死訊，讓萊特兄弟正式開始踏入實現飛行夢想的路。他們根據 Lilienthal 的空氣動力數據，自行設計滑翔機。為了加強對滑翔機的控制，他們依據鳥類的飛行姿態而將機翼扭曲，使飛行控制成為可能。在經過多次試飛失敗之後，他們認定 Lilienthal 的數據可能有問題，而決定自己建立基本空

氣動力數據。1901年，他們自行設計建造風洞，測試了二百種不同機翼，在他們使用新數據之後，試飛就變得相當成功。新的三軸控制滑翔機進行過上千次的飛行後，萊特兄弟基本上

圖一：實現人類飛行夢想的萊特兄弟。左為 Wilbur Wright（1867～1912），右為 Orville Wright（1871～1948）

已經掌握了飛行的關鍵，並在 1903 年 12 月 17 日實現了人類數千年來的飛行夢想！自從萊特兄弟實現人類飛行夢想之後，航空科技快速的擴散，1906 年歐洲也完成了首次重於空氣的載人飛行，到了1909 年法國人 Louis Bleriot 駕著他的單翼機從法國起飛，寫下首次橫越英法海峽的記錄。

擴展與突破

　　1914 年首次世界大戰爆發，剛開始人類並不知道飛機在戰場上的用途，飛機只是拿來作為偵察之用，但是很快的，飛機作為兵器的巨大潛力馬上為世人所知。飛機將人類戰爭形態從平面變成立

體，使得戰爭的防線不再那麼清楚，前後方的分野也變得模糊，高山大河不再是可以依賴的屏障。尤其是在 1915 年德國將機槍與飛機作了完美的結合之後，飛機更成為戰場上最致命的武器。這種狀況至今未變，飛機依然是戰場上最主要的打擊力量，誰掌握制空權，誰就掌握主動。大戰結束之後，飛機的商業價值逐漸表現出來。早期只做一些郵件運送的工作，或者是遊樂性質的載人飛行，而有些飛行的狂熱分子，則繼續冒著生命危險進行人類超越時空的努力。

那些飛行的狂熱分子喜歡進行各種冒險飛行的活動，較值得一提的是不著陸橫跨大西洋的飛行。1927 年，歐美各路航空英雄好漢有了一個競爭的目標──成為第一個不著陸從巴黎直飛紐約，或從紐約直飛巴黎的人。獲勝者可得兩萬五千美金，但錢並不重要，爭做第一才是原動力。第一組人馬，由當時法國的一次世界大戰空戰英雄 Rene Fonck 率隊攻關，不幸以機上四人全部喪生收場。第二組人馬，還未成行即墜毀。第三組人馬在練習時又墜毀，第四組人馬由另外一位法國空戰英雄 Charles Nungesser 帶隊，由法國出發，從此再也沒有人見過他們兩個。

最後，由林白（Charles Lindbergh，圖二）奪得首位不著陸從紐約直飛巴黎的殊榮。在林白之前，到底已經有多少人喪生，雖然沒有正式的記錄，但已知最少有六人。林白完成壯舉所駕駛的聖路易

圖二：首位不著陸從紐約直飛巴黎的林
白（Charles Lindergh, 1902～1974）

圖三：朝著目的地巴黎飛行的「聖路易精神號」

精神號（圖三），是怎樣的飛機？在聖路易精神號座艙中，林白所
能夠掌握有關導航的唯一依靠只有羅盤，其他都是飛機本身的儀
錶，例如高度計、空速表、姿態儀、引擎轉速表、空壓計與油壓計
等，在沒有任何其它的導航儀器的情況下，要飛行 5809 公里。起初
林白計畫載一個領航員同行，卻為了要多帶一點油料而作罷。在海
上飛行沒有任何路標可以依賴，林白在座艙中完全依靠一個時鐘及
方向與速度的計算來導航。林白在他飛行第二天清晨看到海上有幾
艘船，林白尚且需要大聲的問船上的人：愛爾蘭怎麼走？可見林白
要完成此壯舉，有多麼的困難。

1919 年英國成立了第一家航空公司，經營倫敦巴黎之間的載客業務。他們所用的飛機是由一次世界大戰的轟炸機改裝而成的，他們把機槍手位置拆除，放上兩個面對面的座位，載兩個旅客。雖然異常簡陋，但卻開啟了至今蓬勃不已的民用航空事業。現在的廣體客機，已經可以載著五百人，在萬公里高空，以接近音速的速度飛行。

　　人類在經過幾千年追求飛行的努力，終於在二十世紀大放異彩。航空科技五花八門、多彩多姿、令人目不暇給，從飛行翼、拖弋傘與滑翔機等運動器材，到波音、空中巴士的大型客機；從經國號輕型戰鬥機，到 B-2 隱密轟炸機；從響尾蛇飛彈，到巡弋飛彈；從中學生玩的實驗火箭到巨型的太空梭。透過航空科技，人類的足跡早已超越地球的限制，而達到另外一個天體。人造的飛行器也早已跨越了太陽系，航空科技已然徹底的改變人類文明的面貌。

無可限量的前景

　　人類航空科技發展至今，在二十世紀即將結束的前夕，回顧過去的足跡，可謂是艱辛但確實成績斐然。進入二十一世紀後，航空科技將會是什麼樣的面貌？地球上有 30%的面積屬陸地，人類首先利用馬匹、車輛突破陸地的限制。接下來人類的足跡藉著船隻及相

關航海技術而踏遍 70%的海洋。至於占地球表面積百分之百的天空，則到二十世紀人類才能遨翔其中。進入二十一世紀之後，人類航空科技將要克服的障礙是什麼？將要超越的又是什麼？

　　從物理學的觀點來看，人類目前航空科技所掌握的技術，不論是飛機、火箭、太空船，基本上仍然完全不出牛頓力學的範疇，也就是牛頓三大定律支配了所有目前人類航空器的運作。我們都知道，牛頓力學僅適用於人類能夠經驗到的時空，除此之外，我們知道物理學還有另外兩大的支柱，那就是相對力學與量子力學。相對力學適用於無窮大（相對於人類而言）的時空，也就是俗稱的大宇宙，充滿著各類銀河與星系的無窮宇宙。而量子力學則適用於無窮小的時空，也就是俗稱的小宇宙，充滿著各種詭異現像的原子、核子的世界。

　　人類藉著牛頓力學之助，在二十世紀算是初步突破了人類經驗範圍內的時空限制，在二十一世紀，人類航空科技應努力的下一步，必然是應用相對力學與量子力學，朝無窮大的時空與無窮小的時空邁進。想像有一天，我們能駕著一架顯微飛機，像一隻細菌一樣大，深入人體，與細菌、病毒作戰。或深入腦部，了解人類思想與智慧的祕密。或改變細胞新陳代謝的速度，以延緩老化。或者是創造一架用質子、中子與電子，甚至基本粒子建造而成的飛行器，

穿梭在基因的雙螺旋裡，追尋長生不死的答案。另一方面，或許人類可以駕著一架時空飛機，不論是藉著蟲洞，或是將時空扭曲，在浩瀚的宇宙中遨翔。或是在時間的洪流中，自由的來去，徹底突破時空的限制，那將是多麼令人嚮往的情景！我們中國人在人類超越時空的潛意識驅使之下，早期曾經作出相當大的貢獻。期望未來，在超越無窮小與無窮大的時空方面，能夠再度留下難以磨滅的足跡！

（1999 年 12 月號）

百年航空發展的回顧與瞻望

◎—尤芳忞

任教成功大學航太系

2003 年 12 月欣逢萊特兄弟動力載人飛行一百週年，當大家熱烈慶祝之際，吾人亦當省思，如何為未來的航空科技發展提供一些重要的概念。首先，就科技發展的能力與速度來看，遠非百年前的人所能預見，然而歷史的經驗告訴我們，不斷的創作與開發，配合政治、經濟發展，是科技文明成功的法則。因此，當務之急是配合時代的政治與經濟發展的條件，朝向航空科技的創新思維上努力，以作為日後航空科技的基石。

要如何創新航空科技的思維方向？古人云：「以史為鑑，可觀興替」，百年航空科技的興起過程，應可提供吾人一面明鏡，作為未來創新的參考。本文謹表列萊特兄弟之後的航空發展史，供讀者作一回顧。

另外，綜合表列百年來航空發展的點點滴滴，僅記錄其大要，有更多的細節有待科技史家深入考據，然這些大綱已可看出來現今

的成果是眾多航空、太空學者專家們努力研究與開發的成果，得之不易，值得大家讚嘆與珍惜。再看看發展過程中除了人們的才智與努力之外，財力的支援更是不可或缺的助力，而最重要的贊助者來自於政府組織與民間大型企業。因此，撫昔觀今，未來人力資源與政府機構的配合投入，再加上航空產業相關企業經濟規模的成長，應該是未來航空事業成長的保證。

再就航空科技層面來看，其實尚有很大的成長空間，以推進器的開發為例，現今的噴射推進技術是以燃油的化學能，來換取空氣增加的動量，就學理看來是拿一百單位的能量去換十單位的衝量，顯然不是太聰明的交易，因此相信應有很大的開發空間。

其次，就空氣動力學上的升力與阻力來看，目前空氣動力外形的設計已相當的先進，然而就升力與阻力的改善，卻無法有更顯著的進步。筆者認為，應從物理學上來尋求根本改進之道。首先就空氣作用於航空器表面之應力與應變的作用上來思考，如有適當的塗料使飛行體表面上空氣之應力與表面塗料之應變接近正交，則磨擦損耗將接近零，磨擦阻力當然就近乎沒有了。飛機的升力目前由空氣動力產生，因而有巨大的誘導阻力，如果飛機升力改由強力電磁場的交互作用來產生的話，則誘導阻力就沒有了。因而極低阻力且有高升力的未來航空器就有機會誕生了。

在高音速的飛行方面，空氣形成的震波阻力是目前高音速飛行重大阻力的來源，但是由電磁場的技術開發利用，配合空氣的電離子特性的交互作用，震波阻力將可大幅的減少，因而未來超過十倍以上音速的空中運輸應可達到普遍化。

由上述觀察得知，電磁場技術與材料科技在未來航空科技領域的開發與應用非常值得期待，希望大家努力朝這些方向從事研究開發與測試，或許未來的五十年間就有開花結果的績效，供世人來享用，如同吾人現今享用前人研究開發的成果一般。

萊特兄弟之後的航空發展史

年份	大 事 紀
1901年	萊特兄弟利用當時的空氣動力數據表，建造了一架大型滑翔機，並進行試飛，結果與數據表預測結果相差很大。因此他建立了一個風洞，重新檢測，證實以前的數據表都是錯的，並立了一組新的數據表。
1902年	萊特兄弟利用新的數據建造一架滑翔機，效率提高將近兩倍，他們在北卡羅萊那州、小鷹鎮附近的屠魔山上進行了近一千次的飛行測試。
1903年	12 月 8 日，Samuel P. Langely 的載人大型飛行器一起飛就立即解體墜毀。同月 17 日，萊特兄弟則完成了機械動力的載人飛行試驗，開啟了人類利用機械動力自由遨翔天際的美夢。
1904年	萊特兄弟測試了更新機型與引擎的二號機。
1905年	萊特兄弟的三號機驗證成為實用的飛機，然而此時他們的成果並未引起當時世人的重視，次年他們獲得了飛機控制系統的專利。
1914年	1 月，世界第一條定期航空班機航線建立，名為 The St.Petersburg-Tampa Airboat Line。同年雙向的飛機駕駛員與地面管制站聯絡用的無線電系統架設完成。

年份	大事紀
1915 年	由美國政府資助從事航空工程研究開發的機構正式成立，名為國家航空諮議委員會（NACA）。同年歐威爾‧萊特出售他在萊特飛機公司的股份，從此退休。
1923 年	6 月 27 日，首次的空中加油在加州的聖地牙哥完成。
1942 年	6 月 19 日，全世界首架噴射動力戰機 Messerschmitt 262 由德國人 Fritz Wendel 駕駛升空。
1947 年	9 月 18 日，美國空軍正式從陸軍獨立出來，成為另一軍種。同年 10 月 14 日，空軍上尉飛官 Captain Charles E. Yeager 駕駛一架由火箭動力推進的 Bell X-1 實驗飛機，完成了首次超音速飛行。
1953 年	11 月 20 日，試飛員 Scott Crossfield 駕駛 D-558 實驗飛機完成全球首次 2 倍音速的飛行。同年試飛員 Jackie Cochran 則成為首位超音速飛行的女士。
1954 年	美國空軍官校成立。同年 7 月 15 日，波音公司的 Dash-80 型飛機（B-707 的原型機）進行首次試飛。
1955 年	8 月 4 日，U-2 偵察機原型機首度試飛。
1959 年	9 月 15 日，試飛員 Scott Crossfield 駕駛以火箭推進的 X-15 實驗飛機，成為全球飛得最快且最高的人。
1960 年	5 月 17 日，幽靈式戰機的原型機 YF4H-1 以及 Douglas 飛機公司的 DC-8 型飛機正式亮相。
1963 年	8 月 22 日，美國的 X-15 實驗飛機創下 67 英哩的飛行高度。
1969 年	美國的波音 747 客機原型與英法合作的協和號超音速客機原型分別進行試飛，3 月 2 日協和號舉行首航。同年 7 月 20 日，阿波羅二號登陸月球。
1970 年	10 月 24 日，X-24 升力體（Lifting Body）實驗飛機首度完成一倍音速的試飛。
1979 年	美國空軍的 F-16 戰機，成為首次在軍機上使用線控飛行操作的軍用機。
1981 年	4 月 12 至 14 日，美國首架太空梭哥倫比亞號飛進地球軌道。
1984 年	12 月 14 日，美國 X-29 前掠翼實驗飛機進行首次試飛。
1986 年	1 月 28 日，美國太空梭挑戰者號發射升空七十三秒後，因燃料槽外洩爆炸失事，七位組員在此意外中犧牲。12 月 23 日，航海家號完成環球飛行挑戰。
1989 年	美國空軍的 B-2 隱形轟炸機首度公開飛行。
1990 年	9 月 29 日，美國空軍的新一代戰機 YF-22 原型機首度進行試飛。10 月 31 日，X-31 向量化噴嘴及特殊控制設計的實驗飛機進行試飛，而 YF-22 與 YF-23 二架軍用飛機的原型機則正式公開。

年份	大　事　紀
1991年	8月27日，原型機編號 YF-23 的可傾式螺槳（tiltrotor）、V-22 Osprey 號飛機首次飛行。9月17日，麥道飛機公司承製的美軍 C-17 大型軍用運輸機首次公開飛行。
1996年	1月4日，美國 Boeing Sikorsky 直昇機公司首度公開 Comanche 型武裝直昇機。
1997年	5月17日，縮小尺寸且無人駕駛遙控的無尾翼實驗飛機 X-36 公開亮相。
2003年	2月1日，美國太空梭哥倫比亞號於返航進入大氣層的途中發生爆炸，七位太空員因而犧牲。

（2003 年 12 月號）

大陸飛行先驅

◎─景鴻鑫

> 航空史上，馮如是第一個自己製作飛機並飛上青天的中國人，而第一個在大
> 陸這塊土地上飛起來的是秦國鏞，譚根則為世界早期水上飛機製造者之一。

飛行是人類亙古以來的大事，地球上終於有生物可以透過理性的理解，達成飛行的目的，而不必花上百萬年慢慢用演化的方式來摸索飛行，同時，飛行也是人類幻想數千年之後，終於實現的偉大目標。

航空史上，馮如是第一個自己製作飛機並飛上青天的中國人，而第一個在大陸這塊土地上飛起來的是秦國鏞，譚根則為世界早期水上飛機製造者之一。由於史料非常有限，除了馮如較為完整之外，其餘資料殘缺不全者，就待有心人士補遺了。

苟無成，毋寧死 ── 馮如

馮如，1884 年 1 月 12 日生於廣東省恩平縣的一戶農家，父親馮

馮如（1884～1912），中國始創飛行第
一人。

業倫，一共生了馮如等兄弟五人，其中馮如最小，馮如字鼎三，號九如，所以馮如又名馮九如。中日甲午戰爭的後一年，也就是 1895 年，馮如十二歲，跟隨表親到了美國。先住在舊金山，白天跟著工作，夜晚則讀點書。後來馮如移居紐約，進工廠作工。過了十年之後，由於在工廠內耳濡目染，對於機械和電學小有心得。1903 年美國萊特兄弟製作飛機，飛行成功，實現了人類數千年的飛行夢想。

1904 年俄國和日本，為了爭奪在我國東北的利益，在中國的土地上打了一仗。年輕的馮如深受這連續兩件事的刺激，乃興起研究製造飛機的念頭，希望有朝一日能用飛機來加強國防，乃至於振興中華。馮如曾經表示：「吾聞軍用利器，莫飛機若，誓必身為之倡，成一絕藝以歸饗祖國，苟無成，毋寧死。」「飛機為軍事上萬不可缺之物，……倘得千百隻飛機分守中國港口，微特足以固吾國，且足以懾強鄰矣。」

1907 年起，馮如開始四處尋找資助以及同志，1908 年 5 月，馮

如和黃杞、張南、譚耀能等人共同集資一千美元，在舊金山以東的奧克蘭（Oakland）市東九街 359 號租了一塊地，設廠開始研製飛機。後來陸續又有朱竹泉、朱兆槐和司徒璧如等人，先後加入製造飛機的工作。由於馮如的資金並不雄厚，一些必需的機械設備無力購買，因此，馮如以及他的朋友們只能用簡單的工具，甚至是用手工的方式，來製造所需的零組件，造成研製飛機的過程並不順利。經過多次挫折之後，總算造成了第一架飛機。為了避免試飛傷及無辜，馮如把飛機運到人煙較稀少的 Orinda 市附近的麥田裡進行第一次的試飛，結果是沒有意外的失敗了。就在此時，禍不單行，製造廠又失火燒掉了。

　　雖然經此連串挫折，馮如並沒有灰心，他就在麥田上支起帳棚，繼續飛機的研製工作。經過修改設計三、四次，馮如又造成了第二架飛機。1909 年 2 月進行第二次的試飛，結果飛機往上衝了幾丈高就摔了下來，第二次的試飛就這樣又失敗了。經過連串的失敗，有些出錢出力的朋友開始失去信心，不願再繼續投資。同時，馮如的父母又從家鄉寫信來，要他回家。但是，馮如並沒有向困難低頭，反而更加努力，更深入研究老鷹的飛行動作，並開始趕造第三架飛機。經過修改了十幾次之後，才造成功。

在美試飛成功

　　1909 年 9 月 21 日，馮如把製造的第三架飛機運到奧克蘭市郊的 Piedmont 山附近平坦的空曠地上，由他自己駕駛進行試飛，結果順利成功，飛行高度 4.6 公尺，飛行距離 805 公尺，這是第一次中國人駕著自己設計製造的飛機，成功的飛上藍天。繼萊特兄弟實現人類飛行夢想六年後，馮如為中國近代航空的發展，邁出了具有歷史意義的第一步。1909 年 9 月 22 日，美國《舊金山觀察者報》用〈東方的萊特飛上青天〉為標題，以頭版大篇幅報導馮如製造飛機，以及試飛成功的經過，並以「天才的中國人」稱呼馮如，同時也刊載了馮如坐在駕駛座上的照片，對馮如的成功讚賞有加，更以「在航空領域上，中國人把白人拋在後面」來評價馮如所達到的成就。1909 年 9 月 23 日，美國加州《美國人民報》上，也有一篇題為〈中國人民的航空技術超過了西方〉的文章，詳細報導了馮如製造飛機的失敗和成功的經過。

　　1910 年 10 月，馮如又製造了一架飛機，試飛十多次，航程最遠達到 20 英里，速度則達到每小時 65 英里。接下來，馮如擬大量生產他所設計製造的飛機，在美國集資創立「廣東製造機械公司」，後改名為「廣東飛機公司」，開始製造飛機。當時的美國報紙對馮如

的成功，齊聲讚揚，並且有美國人想要聘請他教授飛行技術。但是，馮如並不願意在外國成名立業，一心要把自己的學識和技術，帶回給祖國。1911年1月，馮如在奧克蘭進行飛行表演時，孫中山先生也在現場觀看，看後欣然曰：「吾國大有人矣！」當時，商務印書館的編譯所所長張元濟先生也在美國，知道馮如有意回國貢獻所長，即寫信把馮如介紹給兩廣總督張鳴岐，準備等他回到廣東後，可以表演飛行技術。1911年2月，馮如帶著助手朱竹泉、朱兆槐、司徒璧如等三人和最後所造的兩架飛機，回到中國，準備在國內生產製造飛機。路過上海時，有報館記者請馮如先在上海表演飛行，但他因為歸心似箭，要先回廣東省親，再出外表演，所以就沒有在上海停留。

廣州失事遇難

馮如回家之後，原想去廣州找張鳴岐，接洽飛行表演的事。想不到，3月10日，廣州安利洋行請了一位比利時人表演飛行，孚琦將軍看完熱鬧之後，在回府的途中遇刺。3月29日，接著又發生了震驚中外的黃花崗起義的革命事件，10月10日終於爆發了武昌起義，推翻了清朝政府。這一連串的事件，影響了馮如表演飛行計畫。武昌起義之後，11月9日廣東軍政府成立，馮如被任命為廣東軍

政府飛機隊隊長，準備隨同廣東北伐軍北上作戰，助成革命，但清政府接受議和太快，未成為事實。

　　1912 年 8 月 25 日，馮如終於有機會在廣州燕塘，駕駛自己製造的飛機，在中國的土地上進行第一次飛行表演。當馮如駕著飛機順利升空之後，飛升高達百餘公尺，然而卻因為轉舵過急，飛機失速下墜，也有一種說法說是因為操縱系統失靈，造成飛機失速下墜，落地之後，馮如身受重傷，急送醫院救治，又因那天正好是星期日，醫藥兩缺，馮如就此不幸犧牲，成為中國第一位為航空而奉獻出寶貴生命的人，年僅二十九歲。中國第一個航空先驅，就這樣犧牲了。

　　馮如臨終前曾將失事原因簡單的告訴助手，且勉勵他們「勿因吾斃而阻其進取心，須知此為必有之階段。」並囑咐死後葬在黃花崗七十二烈士墓旁。馮如犧牲之後，廣東軍政府將馮如事蹟呈報臨時大總統，按陸軍少將軍階撫恤，並將其事蹟交付國史館，依馮如遺願，遺體安葬廣州黃花崗烈士陵園，立碑紀念，並尊為「中國始創飛行大家」，碑塔正面篆刻「中國始創飛行大家馮君如之墓」，背面是臨時大總統命令，左右兩側刻著「民國第一飛行家馮君如墓誌銘」。

首次在中國上空飛行——秦國鏞

秦國鏞，字子壯，湖北咸寧人。1904 年（清光緒三十年）湖北官費生留學法國，先進預備學校學習法文，後到部隊實習，1907 年進入三錫陸軍學校騎兵科。1910 年後，滿清政府批准秦國鏞改為學習飛機設計製造以及飛行技術，1911 年4月6日，秦國鏞從法國學習飛行歸國，並帶回一架法國製高德隆單

秦國鏞，南苑航空學校首任校長。

座教練機，在北京南苑機場表演飛行。飛行當天，有不少清朝官員和外國來賓到現場參觀。秦國鏞起飛後繞場三周，平安落地。這是中國人在自己領空上首次駕機飛行。

後來辛亥革命成功，在南京的陸軍第三師交通團成立了一個飛行營，擁有飛機兩架。1913 年 3 月，袁世凱把飛行營調到北京，就駐在南苑，隨隊還有教練班以及修理廠。後來袁世凱接受法國顧問的建議，準備訓練中國飛行人員，以便將來成立空軍之用。1913 年 9 月，北洋政府在南苑成立了中國第一個正規的航空學校——南苑航

空學校，秦國鏞被任命為首任校長。

水上飛機製造先驅──譚根

譚根，原名德根，廣東開平人，1889 年出生於美國舊金山，1910 年畢業於美國希敦飛機實驗學校，獲得該校編號第 10 號的畢業證書，及國際航空聯合會第 131 號駕駛員執照和美國加州飛行協會第 15 號執照。他在華僑的資助下，試製水上飛機，是世界早期水上飛機設計製造者之一。1910 年 7 月攜帶自製的船身式水上飛機一架，參加了在美國芝加哥舉行的萬國飛機製造大賽，獲得了水上飛機組第一名。1911 年至 1912 年間，美陸軍曾聘任譚根負責空投炸彈的訓練，由於教練很有成績，曾被委任為加州飛機隊後備軍司令。

譚根（左一），早期水上飛機設計者之一。

1913 年旅美華僑在孫中山先生倡導下，在檀香山集資成立了中華民國飛船（飛機）公司，聘請譚根為飛機師，先後設計製造水陸飛機三架，並訓練

一批飛行員。此後，他曾在夏威夷群島、日本以及南洋等地進行飛行表演，曾飛越菲律賓境內 2416 米的馬榮火山，創造了當時水上飛機的世界飛行高度紀錄。

1915 年春，孫中山發動二次革命期間擬籌畫一所航空學校，邀請譚根負責該校校務，並先去南洋舉行飛行表演，籌募建校經費。5月，譚根在回國途中路過日本，受到孫中山接見，途中並停留香港作飛行表演。

當時，袁世凱委任廣東軍閥龍濟光為廣東都督府都督，在廣州成立了廣東航空學校籌備處，譚根中止了南下籌款計畫，應龍濟光邀請到了廣州，就任該校籌備處飛行主任。1915 年底，袁世凱稱帝，遭到全國人民的強烈反對。1916 年 4 月，廣東宣布獨立。19日，廣東軍閥陸榮廷、岑春及梁啟超在廣東肇慶成立了護國軍兩廣都司令部，與袁世凱對峙，委派譚根為討袁航空隊隊長，並從菲律賓購買卡斯基飛機二架運往肇慶助戰。1918 年春，退守海南島的龍濟光，受北洋軍閥指使，進攻廣東軍政府，同年的6月，擔任廣東航空隊隊長的譚根參加了討伐龍濟光的戰鬥。後來譚根改行從商，脫離了中國航空界。

結　語

　　每次談到飛行，大多數人言必稱萊特，接下來或許還有林白，熟悉航空史的人可能知道 Lilienthal、Langley……等人，更內行的人或許還知道 Carley、Chanute、Bleriot……談來談去，全是洋人。自從實證主義在義大利興起之後，五百年來，洋人主導整個現代科技的發展，航太科技自然也不例外。當紀念人類飛行百年之際，除了再次重複這些洋人所留下的足跡以外，似乎也可以回顧一下我們自己的前輩在飛行上的努力，看看屬於我們自己的航空史。先人努力過，在人類航空史上，他們並沒有留白，依然留下勇敢進取、冒險犯難的足跡，供後人效法學習。

（本文圖片皆由作者提供）

（2003 年 12 月號）

參考資料

1. 姜長英，2000，《中國航空史——史話、史料、史稿》，清華大學出版社。
2. 姚峻，1996，《中國航空史》，大象出版社。

臺灣的飛行前輩
──謝文達與楊清溪

◎──吳餘德、蔡光武

吳餘德、蔡光武：皆為自由撰稿人

現在已知日據時代有八人曾研習飛行，並取得執照。但只有謝文達及楊清溪兩位事蹟較為明朗。本文經過多方的考據以及資料收集，為了解臺灣航空史不可多得的資料。

千百年來，古今中外，不知有多少喜好冒險之士，渴望能像鳥兒一般在空中自由自在的飛翔。雖然這個願望最終由萊特兄弟所實現，但那已是一百年前的往事。當時的飛行器尚在嬰兒學步時期，有關飛機以及與飛行相關的種種關鍵問題仍在摸索階段。但有這些知識，空中飛行仍然危險萬分。所以要享受飛行的樂趣，除了興趣還要有勇氣，甚至還要有犧牲的精神。

中國人並未缺席的航空發展史

雖然危險性高，航空先進仍然毫不退縮。他們一面試作，一面

試飛，常常需從嚴重的，甚或致命的錯誤中學習與改進。如此歷經數十載，飛機逐漸成熟，飛行安全也逐漸獲得改善。而最重要的兩大利器：學理方面的研究加上精密工業製造技術的精進，更使航空發展一日千里。到今天，飛機發明不過百年，人類對飛行最少已能掌握 90%以上了。現在，空軍已成為許多國家必備的軍種，而一般民眾也能享用便捷的航空交通。飛機已經成為人類生活的一部分了。

不過令人洩氣的是，翻開飛機演進的歷史，赫然映入眼簾的，竟然是一長串用「蟹行文」寫就的名字：有 Otto Liliental, Tangley Caley, Wright Brothers Glenn Curtiss, Henry Farman, Bleriot, Avro……無非都是大鼻子藍眼睛的「蠻夷」，不禁令人直呼「我中華無人乎?!」

其實，在航空發展史上，中國人並未完全缺席。早期有馮如試作飛機很有成果，學習飛行更不在少數。宣統年間已引入飛機。革命軍也曾擬用飛機助陣。穩執世界民航機製作的龐大企業波音公司，第一架自行設計的飛機（該公司的第三架，前兩架係自馬丁公司購得製造權而製作的）便是由剛從麻省理工學院畢業的中國人王助所設計的，該公司至今念念不忘。

至於在臺灣方面，因當時是日本占領期間，所以飛機最早是由日人引進。1904、1905 年（日本大正三、四年），日人野島銀藏、

高左右隆來臺表演，1907 年又有美國人 Art. Smith 來臺飛行表演。這三次的飛行表演引起很大的迴響，讓臺灣人見識到飛行的壯觀與奇妙，激發不少臺灣人學習飛行的興趣和意願，不久便有人赴日學習飛行了。

現在已知日據時代有八人曾研習飛行，並取得執照。依學習先後順序是：謝文達、徐雄成、陳金水（新竹人，逝於 1925 年 5 月 24 日）、彭金國（嘉義縣梅山鄉人）、楊清溪、賴春貴、黃慶（臺南縣後壁鄉人）、張坤燦（臺中縣豐原人）。此外，也有幾位前輩加入日本陸軍以及海軍的航空隊，但其事蹟尚未有人追蹤找尋。

有關以上諸位臺籍飛行前輩的事蹟，只有謝文達及楊清溪兩位較為明朗。而其中有關謝文達事蹟的部分，曾經刊載在《中國的空軍》雜誌上。

臺灣第一位飛行員──謝文達

臺灣與航空的淵源始於大正三年（1914）3 至 5 月間，日本飛行員野島銀藏在臺北、臺南、臺中、嘉義等地表演，開啟了臺灣人的眼界。次年 4、5 月間，又有高左右隆在新竹、屏東、花蓮三地，以從空中投擲（土製）炸彈的方式，展現飛機所潛藏的威力。而大正六年（1917）美國人 Art. Smith 以精湛的特技飛行與前所未見的夜間

飛行風靡全臺，觀眾幾為之瘋狂，把臺灣航空初期的熱潮推至最頂點。此時，幾顆臺灣飛行員的種子就悄悄地播下來。

赴日學習飛行

第一顆萌芽的幼苗是當時讀「臺灣公立臺中中學」（今臺中一中）的謝文達。謝文達生於光緒二十七年（1901 年）3 月 4 日，當時他目睹了 Smith 的表演之後，立下學習飛機的志願。大正八年畢業後，即前往日本千葉縣津田沼海岸的伊藤飛行研究所學習飛行。

謝文達之名為家鄉父老所知，是因參加次年（大正 9 年）8 月 2、3 日由「帝國飛行協會」在東京洲崎舉辦的「第一回懸賞飛行競技大會」，他駕一百二十四馬力的「伊藤式惠美五號機」，在高度與速度兩項均獲得三等賞（第三名），一鳴驚人。獲此榮耀不久，他即買舟返鄉，欲將此榮耀與鄉親分享。

8 月 20 日謝文達返臺，先回故鄉臺中，在葫蘆墩（今豐原）女子公學校內，由鄉親舉辦歡迎會來迎接他。當時，臺北的中等學校的臺籍學生，原本互不往來，但受到謝文達的鼓舞，預備共同為其召開盛大的歡迎會，並組織「在北本島人學生聯合應援團」。此時，卻傳來了謝文達的座機遭到破壞的消息，更使學生同仇敵愾，幾有釀成風潮之勢。

原來事情經過是這樣：8 月 23 日，謝文達的座機抵達基隆時，發現飛機遭到損傷，又「正巧」警察航空班的技工無暇分身，必須到日本找人，然後又沒有可供修理之工廠。故日人蓄意破壞之傳言不逕而走。

9 月 23 日，由臺北醫專、工業、師範、農林專門、商工學校、淡水中學等共一千二百名學生在臺北醫專大禮堂為謝文達舉辦隆重的歡迎會，由醫專學生吳海水主持。但最引人注意的是總督府下村總務長官的致詞，除闢謠外，並透露出日本殖民政府對謝文達所帶起之風潮的注意。

臺中首航

10 月 17 日上午 7 時 37 分，謝文達在臺中練兵場（今臺中公園以東干城營區）五千餘觀眾的注目下，駕機升空。首先繞飛市區上空，後以約 1000 公尺高度飛向葫蘆墩，再經海岸線折返，於 8 時 18 分返場著陸，全程歷時四十一分鐘，首開臺灣人在自己的土地上飛行的紀錄。巧合的是，十四年後的同一天，楊清溪完成臺灣人首度南北縱貫不著陸飛行。

隨後 10 月 30 日與 11 月 1 日，謝文達在臺北練兵場趁「天長節」之機會公開表演，除了「在北本島人學生聯合應援團」外，還有

「稻江應援團」前去助陣。11月2日晚間6時，「稻江應援團」為其在春風得意樓開慶功宴。謝文達之名如日中天，使得日籍高官也不得不有所禮遇。

　　由於謝文達的座機「伊藤式惠美五號」為當初出售三個糖廠所購得的中古貨，經過多次使用，結構早已疲乏，故由官民合組「後援協議會」，向全島各地募款購機，預定目標二萬五千日圓。至大正十一年9月27日結算止，共募得二萬五千四百五十四日圓九十五錢購機，並命名為「臺北號」贈予謝文達。

　　大正十年（1921）5月21、25日兩日，第二回懸賞飛行競技會於東京川崎舉行，謝文達再度參加角逐。由於競爭激烈，速度飛行名列第八，距離飛行第六，共獲得六百五十日圓獎金。次年11月3日起，又參加「帝國飛行協會」主辦的「東京大阪間往復郵便飛行」比賽，以全程七小時五十九分完成往返，名列第七得獎金三千日圓，從以上成績來看，謝文達縱使未名列前茅，但仍足以證明臺灣人在飛行領域能與日人並駕齊驅。

　　然充滿抗日思想的謝文達，終究不見容於日本殖民政府。大正十二年年初，官方媒體宣稱謝文達將在皇太子裕仁（即日後的昭和天皇）來臺遊歷時作「歡迎飛行」。結果，謝文達不但不從，反而在2月11日於東京上空駕機，為臺灣議會請願團空飄傳單，終於遭

到日本統治者強大的壓力，而於 3 月 18 日以探親名義前往奉天（今瀋陽）。雖然，他在年底又返回東京，加入《臺灣民報》當社員，繼續為請願運動效力，但在敵不過當權者壓力的情況下，於次年 5 月 25 日「退社」返回東北長春。

投效祖國

在謝文達初到大陸時，日本人對其行蹤就有諸多的揣測：一會兒宣稱他加入張作霖的航空隊，一會兒又說他參加在大陸的臺灣學生革命團體。實際上，他一直在航空界尋找發展機會，但當時中國航空界大大小小的航空隊，普遍瀰漫著濃厚的派系與籍貫觀念，非外人所能輕易參與。最後在河南督辦岳維峻之侄推薦下，於 1925 年 6 月 3 日擔任國民第二軍航空隊隊長。

但航空隊僅有一架俘獲來的飛機，航空隊本身的器材與零件有限，故謝文達於 7 月中旬前往日本採購。日方因其「前科」與國民軍親蘇聯的緣故，以「意圖作赤化宣傳」的名義予以逮捕，但最後在毫無證據的情況下釋回，於 8 月 11 日安返大陸。筆者於 1995 年訪問高壽九十六歲的航空前輩李天民（逸儕）先生時，李先生回憶道，由於器材零件得來不易，國民第二軍航空隊的活動很少。

但從 11 月至次年（1926）4 月，國民軍為奉系張作霖與直系吳佩

孚所圍攻，退往西北，航空器材多遭遺棄。謝文達又再度南下，投奔國民革命軍，擔任廣東軍事飛機學校教官。當時學生為航校二期生，日後在空軍嶄露頭角者，僅毛邦初（曾擔任空軍第一軍區司令）一人。

1926 年 7 月北伐軍興，謝文達在廣州擔任留守，至北伐後期才隨同北上。戰事底定，國民政府在南京成立航空署，下設四個航空隊，謝文達擔任第一隊飛航員，並在 1929 年結婚，由劉芳秀（牧群）、毛邦初當伴郎，在大陸的臺籍菁英如黃朝琴、游彌堅等人也曾參加。

轉任地勤

但北伐完成後，因編遣會議引發派系不合，導致國民革命軍陣營之決裂。自 1929 年起，先有桂系李宗仁、白崇禧異動，接著張發奎、唐生智、馮玉祥也先後起兵，引發一連串的衝突，終至演變成 1930 年的中原大戰。隸屬中央的各航空隊，亦配合地面部隊，至各前線出動偵察、轟炸，無役不與。飛航員謝文達也跟著航空第一隊的行動，參與增援廣州，狙擊張、桂聯軍南犯，並出擊炸桂林。除軍務倥傯之外，謝文達也參與組織規畫工作，擔任航空署法制編審委員會委員。

1930 年 5 月中旬，張、桂聯軍北犯進入湖南，企圖聯絡馮、閻，為因應此一急變，航空署派謝文達駕「上海號」飛機至湘助剿。6 月 10 日，謝文達與觀察師張維藩（後於 1934 年剿共殉職）、胡昱偵察敵軍行蹤時，被地面砲火擊中，迫降於汨羅江邊。謝首當其衝，頭部撞擊儀表板，導致頭蓋破裂重傷昏迷，為張發奎俘虜，送入野戰醫院急救。6 月下旬，中央軍反攻，救出謝文達，轉送漢口日本醫院開刀，方得死裡逃生，兩年後才痊癒。但已無法承擔空勤任務，而轉地勤，擔任作戰參謀。

　　雖然謝文達已無法效力疆場，憑所學仍為國民革命軍貢獻良多。例如當時許多蒐集得來的日本航空兵力情報仰賴他來翻譯，而且又在南京中央軍校任日語教官，那幾期中央軍校畢業生皆出於門下。因此，當 1933 年空軍建獨立軍制，全軍降階兩級時，他仍保有少校官階，而當時第一期第一屆所任命的空軍軍官，少校不過三十三位而已（上校五位、中校十三位、無將官）。

勝利返鄉

　　在空軍陣營中，他在協助同鄉方面也不遺餘力。早期的幾位臺籍飛行員，如陳金水（臺灣第二位飛行員，抗戰時服務於六大隊五中隊，勝利後擔任松山空軍站站長，逝世於 1995 年 5 月 24 日），就

是得到他的保薦才能順利進入空軍行列。1934 年，謝文達轉任江西星子水上機場場長，最後以健康因素，於 1936 年以中校官階報請退役，轉赴上海經商，結束其軍旅生涯。

抗戰勝利後，謝文達於 1946 年回到睽違以久的故鄉，先擔任民營的臺灣機械鑄造廠總經理，在公司結束後，於 1951 年起，擔任臺灣省議會專門委員兼總務組主任，著有《日本國會概況》一書。1971 年初退休後，隱居於臺北市晉江街自宅。1983 年 1 月 6 日壽終，享年八十三歲。

雖然謝文達輝煌的事蹟與戰功早已被人遺忘，但他所表現的，是在逆境中不輕言屈服的勇氣。而他在退出空軍後，至死仍保存著中國空軍軍官佩劍，更象徵著他一生對空軍無悔的忠誠。

南北縱貫飛行第一人 —— 楊清溪

楊清溪，字大埤，民國前四年（1908 年）5 月 3 日生於臺南半屏里楠梓右沖（今高雄市楠梓區右昌街）。祖籍福建南安，與鄭成功同鄉。先祖追隨鄭成功來臺，隸屬劉國軒部屯兵右衝鋒（即今日之高雄楠梓右昌）。明鄭亡後定居於此，未再遷徙。

楊家在右昌是第一望族。楊清溪父親楊雲階，遷臺第七代，是清光緒年間的文秀才，大伯楊雲漢為武秀才，一門雙傑，鄉里稱

羨。楊家古厝門楣嵌有「兄弟同科」匾額。

取得二等飛行士資格

楊清溪的小學教育是舊城公學校（舊城即左營），初中就讀臺南長老會教會學校（今長榮中學），1928年3月畢業後赴日，考入明治大學商科專門部進修，成績優良，名列前茅。後因受飛行壯舉的激勵，開始熱衷飛行，遂放棄學業，考入私立東京立川飛行學校，成為該校第二位臺灣學員（第一位是陳金水），這是 1930 年（昭和五年）的事。

1933 年（昭和八年）3 月完成學業，取得「二等飛行士」資格。據報載他擁有 Hanriot28（法國製）和 Avro 504k（英國製）兩種飛機的駕駛執照。畢業後，曾留校擔任教官一段時間。

楊清溪人雖在日本，但卻心繫祖國，他曾寫家書，內中提「祖國大陸天空遼闊，可任臺灣青年活躍雄飛，……，在日本學習航空後，可於中華民國活動，甚然安全，觀察中華民國未來的飛行界甚有希望，自上海、北京至廣東的氣流穩定，豈不善哉。現在中華民國飛行士很少，因此學成後在大陸可揚名於世。」當時北伐成功，有血性的臺灣青年無不嚮往國民革命軍，競相潛回大陸，投效祖國。這封信現在仍保存在楊氏家族手中。

也因此，楊清溪開始籌畫長途飛行，擬由日本經朝鮮、中國大陸回臺灣做環島鄉土飛行。為此，楊清溪先行返臺籌款購買飛機。他的兩位兄長楊亦安和楊仲鯨為完成他的心願，特地出售土地十甲，籌得二千日圓，於 1933 年向日本陸軍洽購汰換下來的舊偵察機（Salmson A2）。經一番整修，煥然一新，命名為「高雄」號，民航編號 J-BEQF（J 表 JAPAN，至今沿用）。而當時全日本國內只有民航機六架，楊家竟擁有其中之一，風光如何，可想而知。1934 年（昭和九年）8 月 7、8 日兩天，日本東京舉行全國城市棒球對抗賽。楊清溪兩度駕「高雄」號自洲崎機場起飛，至明治神宮外苑球場作低空飛行，散發傳單為臺北市隊加油。

楊清溪所駕駛的「高雄」號外觀草圖。

南北縱貫飛行壯舉

　　後來大概考慮到長途飛行的困難度，遂決定取消，人機改由海運返臺。飛機是在同年9月解體後由恆春船運達基隆港，再轉送到臺北練兵場（後改為南機場）裝配。楊清溪返臺後，茶商陳清波以及日本友人貝山好美等人組成臺北後援會，又有楊肇嘉等人成立中部後援會。10月10日，楊肇嘉在大稻埕「蓬萊閣」為楊清溪洗塵，座中名人多位如辜顯榮、杜聰明、蔡式穀等，臺灣總督中川健藏也致電道賀。

　　10月15日飛機裝配完成立刻試飛，16日又試飛一次，十分順利，飛機已在完備狀態，一切準備就緒。10月17日上午8點10分，楊清溪在官員友人和群眾的歡呼下，冒著微風細雨起飛，做有史以來臺灣上空第一次的縱貫飛行。巧合的是，十四年前的同一天，前輩謝文達完成了臺灣人在自己的土地上飛行的首航壯舉。

　　初始一切順利，待到新竹上空，遇上濃雲密布，能見度幾近於零。七十年前沒有任何導航設備，羅盤和高度計聊備一格而已，準確度不足，又無人工水平儀，飛行員在伸手不見五指的白茫雲霧之中，常常分辨不出哪一邊是上面，哪一邊是下面。幸好半小時後安然衝出雲層。事後，他曾回憶說：「憨人有憨福。」過了鹿港，天

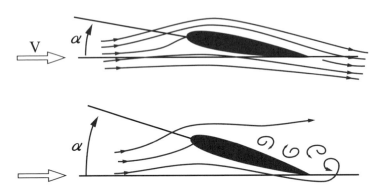

氣流流向機翼的示意圖。（A）正常飛行，氣流大致緊貼表面；（B）失速時，攻角 α 太大，氣流離開翼面，因而失去升力。

空放晴，一路輕鬆。不久到臺南，就飛臨母校長榮中學（當時的貴族學校）上空，做 50 公尺低空飛行，向學校師生投下花圈，而全校師生也排成一個「祝」字來歡迎這位天上的校友。10 時 19 分飛抵高雄故鄉，在右昌大廟（今元帥廟）低飛三圈向迎接他的群眾致謝，並向其母墳墓投下花束，表達孝思。10 時半降落屏東八聯隊基地，受到官員和地方仕紳的歡迎。

　　在屏東稍事休息之後，原本想繞道臺東完成環島飛行壯舉。由於此時東部天候不佳，所以中午 1 時 30 分起飛後採原路返航。回程中遭遇強勁的頂頭風（head wind），可能吸入沙塵的緣故，速度減半並引擎運轉不順，又考慮到燃油存量，所以在下午 4 時迫降在苗栗通霄海水浴場附近沙灘，檢視故障情況，僅尾部輕微受損。此時通

霄一帶居民紛紛湧向海邊親眼目睹這個新奇飛行機器。幸好後援會的人不久後趕到，和民眾一齊把飛機修好。

19日上午9時14分順利起飛升空，下午1時32分安然降落臺北練兵場。當晚，後援會在蓬萊閣為楊清溪舉行慶功宴。

機毀人亡

楊清溪對這次的飛行並不滿意，他最大的心願是完成首次環島飛行，所以又開始籌畫，但是天不從人願。11月3日，楊清溪駕「高雄」號載臺北大稻埕殷實米商王得福飛上臺北上空瀏覽風景，繞了兩圈準備降落時，可能因目測過高，以為有碰撞新店堤防的危險，所以將飛機拉高並向右轉。剎那間飛機突然失速，失去平衡，機頭朝下自50公尺高度墜落。他的三姊親眼目睹這幕慘劇，急速跑到機旁把他從引擎和座椅之間拉出，但早已回天乏術，享年二十六歲。王得福也送醫不治。所以楊清溪也是臺灣航空史上第一位獻出寶貴生命的人。

楊清溪殉難後，他的家人從破碎的飛機上拆下螺旋槳以及一片機翼，永久保存在右昌楊氏古厝中。同時為了讓他魂魄和精神永遠不離開心愛的飛機，便在其墓園內為他用水泥建造了一架飛機，後因墓園被徵收為海軍司令部的營區，所以便將之改遷到現在的右昌

高雄楠梓右昌公墓中楊清溪墓園內的水泥飛機。

公墓園內。當時日本主管民航的最高
長官發令贈楊清溪為「一等飛行
士」。

　　總計，楊清溪第一次駕駛「高雄」號在東京上空飛行，即8月7
日到11月3日在臺北殉難，僅得八十八天。二十六歲、八十八天，
這是何其短暫的時光呀！但是它卻像一道耀眼亮麗的閃光突然劃過
漆黑的天空，瞬間照亮了臺灣人的勇敢、自信。

（本文圖片皆由作者提供）

（2003年12月號）

飛安新思維

◎─景鴻鑫

飛航安全在一個社會公共安全的領域中，是最具有指標性的，所有相關人員都應該以戒慎恐懼的態度來面對它，因為飛機失事所造成的社會衝擊最大，而如果連最具衝擊性的事故都掉以輕心的話，其他公共安全就更不會有人去注意了。除此之外，整個民航運作的系統，從飛機設計、製造，到飛航人員的訓練、培養，以及飛航管制等，技術層次也是最高的，如果飛機的問題都可以處理得好，汽車、火車、大樓、堤防、橋樑、擋土牆等問題就會駕輕就熟；如果一個國家在處理飛航安全的相關事宜上無法有一個合理的水準，其結果必是「哪裡不死人」。

我國飛航安全紀錄顯然並非很優良，尤其是 1998 年二月華航桃園空難之後，一個多月之內，竟然連續發生了五次飛機墜毀事件，幾乎每週一次，頻率之高，已到了令人無法容忍的地步。每一次報紙都大幅報導失事的過程以及家屬的悲戚，也一再地展示出歷史的

紀錄與數據，同時猜測著這次又是什麼原因，同樣的劇情一再地重複播放。每一次事故發生後，機械因素、氣象因素、人為因素等已早為大眾所熟知的名詞，似乎並未使我們的飛航安全獲得改善，民航局、航空公司、學術界也常見改善飛安的努力，但成果似乎不甚明顯。這一切說明了傳統上慣用的思考與方法已經不敷所需，應該是到了需要重新建立新思維的時候了。

飛航安全

　　每一項科技在發展的初始階段，由於一些基本問題尚未解決，如何讓系統發揮功能經常是首要的考量，至於調整系統來適應操作者的需求通常是比較次要的，因為人永遠是最有彈性的一部分。飛行也是如此，早期鮮少考慮飛行員的思想、行為等特色及對飛行的影響，大部分的事故，人為因素也是居於很小的一部分。而早期安全的定義是「免於傷害」，即使真實世界中，也並無絕對可以免於傷害的「安全」。早期只有在直接造成人員的傷害與死亡事故，才會引起安全的討論；漸漸地，隨著航空運輸量大增，航空事故日益頻繁，飛安開始成為頗受重視的一門系統科學。時至今日，將飛航安全定義為：「各種技術與資源，經過整合，以求在運作飛航系統時免於事故的發生」，已為多數人所接受。

隨著航空科技的飛躍進展，航空事故的特性也慢慢改變，硬體越來越精良，相對反映出人為疏失越形重要。波音公司幾年前曾對全球飛安事故作過一次廣泛且深入的調查與研究，其中的一些數據非常發人深省。波音公司對 1982 到 1991 的十年中，全球發生的二百八十七次商用噴射機事故中，具有充分記錄的二百三十二次加以分析，飛航組員（也就是俗稱的人為因素）占了飛機失事主要因素中很大的比率。若將所有的事故全部計入，飛航組員占了六成，如果只計算最後進場及著陸等最危險的階段所發生的事故，則飛航組員因素所占的比例立刻提高至八成，說明了人在慌亂之中更容易出錯。因此如何讓飛行員在緊要關頭做出正確的動作，就成為維護飛安必須正視的重要課題。

　　波音公司的研究也充分說明事故的發生是由一連串的失誤環節串聯而成，因此，失事的預防就在於辨認是哪些因素構成，並設法除去其中的環節。將事件發生的責任歸屬加以清楚的區分，並提出應採取的適當措施，以期能打斷失誤的串聯，從而防止事故的發生，這也是波音公司飛安的基本理念——從預防的觀點切入飛安。

　　基於這樣的觀點，波音公司將失事預防措施分成飛航組員、航空公司、飛航管制、機場管理、氣象資訊、飛機設計、維修七大類，合計共三十七項。在所有二百三十二個飛安事故之中，有的事故只牽

涉到一項措施，有些則牽涉到二十項，而平均是三‧七七項。在所有可以採取的預防措施項目之中，屬飛航組員的最多，共十五項，如「飛行員遵守程序」、「飛行技巧」等等，所占的比例也最高（第二高的是航空公司），意即飛行員在整個事故的防止上，所能做的改善最多也最大。在所有的事故之中，有42%的事故都出現了「飛行員不遵守程序」這個因素，比例最高，有的甚至還出現不只一次。在考慮地域因素之後，資料顯示出的意義更為重大：在美加地區有41%的事故出現「飛行員不遵守程序」的環節，歐洲地區43%，拉丁美洲地區48%，亞洲地區則高達 52%，獨占鰲頭，遠高於其他環節，充分顯示了飛行員的表現有強烈的地域色彩，而且亞洲的飛行員不守規矩的傾向更為明顯。凡此數據皆說明了當「人」成為飛安問題的核心之後，影響一個人思想、行為的文化傳統與社會環境的重要性也就凸顯出來了。

從全球航空事故的資料來看，飛航組員實為飛航的安全核心，飛航組員是實際操作飛機的人，也是一連串失誤環節最後且最重要的一環，一旦飛機離開地面之後，只有飛航組員能決定事故的發生與否。一般而言，很多航空事故的調查都顯示出，在飛機起飛前，很多失誤已存在且發生了，如果飛行員資訊充足、判斷準確、動作及時，將可挽救大部分的空難事件。也就是說，飛航組員在大部分

的飛航事故中均居於關鍵地位，因此，發展一套以飛航組員為核心的飛安思想是絕對有必要的。

　　現階段我國民航的狀況是，飛機是外國人設計的，外國人製造的，操作程序是外國人定的，維修規範也是外國人寫的，航空相關法規是參考外國人的，甚至失事調查也要借助外國的專家，我國在全球整個民航體系中僅是扮演一個「使用者」的角色而已。而真正使用飛機的是我國的飛航組員，是受中華文化薰陶，是生活在臺灣此時此刻政經社會大環境裡的人。因此，以我國有限的人力物力，我們需要從自己定義「何謂飛航安全」開始，發展本土化的飛安思想，來指導我們如何有效地維持飛航的安全，而非一切抄自國外。對我們而言，飛航系統的安全應該僅是「飛航組員安全地操作飛機」而已！我們飛航安全的基本政策也應該是「在我們所有可運用的資源中，協助飛航組員安全地操作飛機」，並以此為出發點，去規範飛機的採購、維修、使用、管理、管制、航空公司的監督，以及飛航組員的訓練、給證、與體檢。

飛航安全裕度

　　現在的航空界，共有三種關於飛航安全的理論模式：一、骨牌理論，骨牌代表失誤，當第一面骨牌倒下時，常引發下一階段的失

誤，使後續的骨牌依次倒下，最後造成事故的發生；預防之道在於抽掉骨牌，使得失誤停止，而不會惡化成事故。二、乳酪理論，每一片乳酪都是有洞的，代表每一環節所可能產生的失誤，當一項失誤發生時，光線可穿過該片乳酪，如果第二片乳酪的位置正好吻合，光線就穿過第二片乳酪，當許多片的乳酪剛好形成串聯關係，光線完全穿過，表示事故終於形成；預防之道就在於設法移動乳酪，以阻斷光線的穿透。三、事故鏈理論，安全事故的發生並非僅由單一原因造成，而是由一連串的失誤鏈串聯而成；預防之道在於將環節移走或打斷，以避免失誤有機會串聯成事故。

　　以上所述的三種飛安理論共同的特色，就是造成事故發生的每一項失誤（骨牌、乳酪、環節）都可以很清楚地定義，失誤與失誤之間的線界也很清楚；這種理論在事件發生的過程是屬於比較簡單的情況，可以很清楚、很有系統地區別每一項失誤。現代飛機越來越複雜，整個飛航系統從設計到操作、維修也越來越複雜，而且各不同部門之間，相互關係越來越密切。空難事件中，形成事故的失誤是否還能輕易地區分清楚，不無疑問。在 1994 年華航的名古屋事件中，組員不知是何種原因啟動了重飛裝置，在組員執行降落程序時，卻不知其動作是與飛機自動駕駛的設計相抵觸因而造成失事。在此事件中，飛行員的決策與動作和飛機的自動駕駛發生糾纏，且

互相影響；故此事件中的失事環節可能並不是很容易分清楚，而人為因素與其他因素之間的界限也不再明確，甚至是變動的。

　　還有更為重要的一點，就是這些飛安理論有可能強化飛航人員互相推諉的僥倖心理。當每一個人都了解：單單一個人的錯誤不會單獨引發事故，而要相關事故環節都發生失誤才會串聯造成飛航事故，只要其中一個環節被打破，或是一張骨牌被移走，或是一片乳酪被拿掉，事故即不會發生；那麼，如果有人很僥倖地認為反正還有很多人會注意，我一個人疏忽沒有關係，只要有任何一個人注意到的話，就可制止事故的發生。這樣的理念豈不是在暗中鼓勵人們心存僥倖？如果大部分的人都心存僥倖的話，豈不是更危險？

　　針對以前飛安理論的性質，以及本地民航系統之特色，加上空難事件的文化影響，根據個人所提本土化之飛安定義，筆者在此提出一適合本地使用的飛安理論，希望能對國內飛安作出一點貢獻。這個理論就是「飛航安全裕度」（flight safety margin），完整的概念如圖一所示，圓圈代表整個飛航系統，從飛機設計、製造、維修、檢驗、飛機的操作、飛航組員的訓練、體檢、給證，到機場相關設施與管理、飛航管制，以及氣象條件，乃至於社會環境、經濟條件、公司組織文化，甚至政治環境，只要是會對飛航安全發生影響的因素都包含在內。中間的飛機代表飛航事故，包圍在飛航事故外

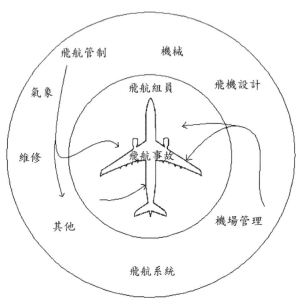

圖一：飛航安全裕度。

圍的因素中，以飛航組員居於最關鍵的核心地位，直接在飛機圖的外圍。在所有因素中，很少有與人無關的因素單獨造成事故的情形。此處的飛航組員因素包含組員之性向、心態、認知、思考模式、決策過程、以及行為特性。飛航組員的因素是有地域性的，受該地區文化傳統、公司組織文化、以及社會環境的影響。外圍代表的是飛航組員所處的飛航系統，包括各種如設計、維修、管理、氣象等因素構成的環境。事故的發生以「事故曲線」來表示，事故的發生可以開始於任何一個地方，如維修，或是飛航管制，或甚至是飛機設計，也可能是起自飛航組員本身。在一連串的失誤後，曲線逐漸前進，終將遭遇到飛航組員，如果飛航組員處置得宜，事故曲線就被阻止下來，不再前進，空難即不會發生；如果飛航組員也犯錯，事故曲線將一直前進穿過飛航組員而到達到飛

機，事故即發生，或者是飛航組員能力不足以阻止事故曲線的前進，事故也將發生。

　　如果飛航組員能力很差，沒有能力處理任何事情，圖中飛航組員的圈圈將縮小至飛機的範圍，表示事故曲線只要一前進，將直接到達飛機而造成事故。如果飛航組員能力很強，可以處理絕大部分的狀況，圖中飛航組員的圈圈範圍將擴大，表示失誤產生後，飛航組員有很大的空間來發揮，以阻止事故曲線的前進，則飛航事故發生的機率將降低，就如同飛機被很寬大的緩衝區所保護一樣。因此，飛航組員保護飛機的範圍大小，直接代表飛航安全的程度，也就是飛航組員的飛航安全裕度。因此，個人認為飛航安全問題的核心就是飛航組員的飛航安全裕度！

努力方向

　　飛航安全問題牽涉萬端、包羅萬象，對於資源非常有限，而且僅是飛機使用者的我國，毫無疑問的，正確的指導思想是非常重要的，有了正確的思想才會有正確的行動，才能以有限的資源得到最大的安全保障。由本文所提出的飛航安全裕度理論，可以很清楚地了解，所謂提升飛航安全，就是擴大飛航組員的飛航安全裕度，也就是擴大飛航組員操作飛機的安全空間，也就是降低各種因素對飛

航組員安全操作飛機的干擾。因此，我們飛航安全的核心議題即為，先確定飛航組員飛航安全裕度的邊界在哪裡，再思考讓如何將其擴大，邊界的確定首要之務為釐清事故曲線是如何產生以及前進，飛航組員的因素在何處開始出現，整個過程就是失事調查的過程，但是要清楚了解飛航組員的因素來自何處，如何串聯，恐怕只有建立自主的失事調查能力，才可達到目標。因為有很多問題是潛伏在飛航組員頭腦中的思考模式，與決策過程及行為特色裡的，而這些因素是深受文化傳統所影響，來臺協助調查的國外飛安專家短期內是很難了解的。

如果飛航組員的飛航安全裕度邊界清楚之後，接下來的議題即為如何將其擴大，也就是失事預防。如何將邊界擴大，可以從兩方面來看，一為提升飛航組員的能力，另一為降低整體環境對飛航組員飛航安全裕度的壓縮。從提升飛航組員的能力來看，加強飛航組員的篩選、體檢、訓練、違規行為的監督與懲罰，舉凡可以強化飛航組員從思考、決策到行動的能力以阻止事故曲線前進者均屬之。

除了提升飛航組員的能力外，還需各項環境因素的配合。例如在飛機上打大哥大，機場四週的建築、飛鳥、風箏，機場導航設施不足、民眾的壓力、民意代表的干擾等等，都會壓縮飛行員操作飛機的安全裕度，甚至航空公司不當的飛安觀念與組織文化，維修人

員工作未徹底落實，民航局監督不周、執法不力，也一樣會壓縮組員的飛航安全裕度。除此之外，國外飛機的設計理念、標準程序的制定也有可能在不知不覺中壓縮了我國飛航組員的安全裕度。國外飛機製造商不可能很了解我國飛航組員的思考模式或決策過程，他們基於他們自己對飛行員的認知所訂定的規則，並不一定適合我國的飛行員。在緊急情況下，東方人會怎麼反應，西方人不見得了解，所以由他們設計出來的飛機，以及制定的所謂標準程序，會產生文化的衝突是必然存在的。因此，我們必須建立本土飛行員、飛機維修人員、航管人員的完整行為模式資料庫，提供給飛機製造廠作為設計的依據，以避免因文化差異造成不幸的飛行事故。

結　語

冷戰時代，美國的「互相保證毀滅」（Mutual Assured Destruction, MAD）的核子戰略思想指導近三十年的軍事競賽，也保障了冷戰時期的和平。我國的飛安也應有一套本土化的飛安思想，來作為政策制定、資源投資的依據。本文提出「飛航安全裕度」的理論，以飛航組員為核心，以飛機使用者的觀點出發，透過自主的失事調查能力來釐清飛航安全裕度的邊界，以及事故曲線的產生與進行。另一方面經由飛航安全裕度的觀念，也可以很清楚地了解應如何從

增強飛航組員的能力，以及減輕各種因素對飛航組員飛航安全裕度的壓縮，來達到擴大飛航組員的安全裕度，也就是失事預防的目標。筆者以一個旁觀者之立場，提出自己的觀點，希望能達到拋磚引玉的效果，集合大家之力，共同提升我國的飛航安全。

（1998 年 10 月號）

參考資料
1. Miller, C. O., Safety Semantics, Alumni Review, University of Southern California, Aerospace Safety Division, 1965.
2. Statistical Summary of Commercial Jet Aircraft Accident--Worldwide Operations 1959-1993, Airplane Safety Engineering, Boeing Commercial Airplane Group, 1994.
3. 景鴻鑫，〈東方文化開不動西方飛機〉，《中國時報》時報科學，1995。
4. Flight Safety and Accident Investigation, Workshop by Boeing Company, Institute of Aeronautics and Astronauties, NCKU, Tainan, Taiwan, R.O.C., 1994.
5. Mecham, M., Antopilot Go-Around Key to CAL Crash, Aviation Week & Space Technology, p.31, May 1994.
6. Campbell, C., Nuclear Facts -- A Guide to Nuclear Weapon Systems and Strategy, Hamlyn Publishing Group, Ontario, Canada, 1994.

從航空工程理論談飛航安全

◎─宛　同

任教於淡江大學航空太空工程學系

從航空事業的發展歷程，我們可以看出航空工程今日的成就，乃是集合各個相關科技的結晶：空氣動力學的探究與應用、高效率渦輪噴射發動機的發展與製造技術、航空材料的推陳出新、航空電子工業的興起與電腦化的設計製造、再加上嚴格的生產品管要求，致使今日航空工業在各方面都有革命性的改變。

　　雖然航空工程技術的改進，使得飛機本身的安全性大大地提高，然而當我們在討論飛航安全時，航空氣象因素仍是必然要考慮的。除大氣因素外，結構損壞（Structure Failure）、機械損耗（Mechanical Failure）、人為因素（Human Factors）等，皆是影響飛航安全的因素。結構、機械的損耗可由精密儀器的發展得到改善；人為因素則需從加強人員的素質做起，多利用飛行模擬器增加駕駛人員的飛行經驗、要求維修人員的專業品管及觀念的提升等，這些努力皆是為了飛航安全考慮，以確保人類生命的安全。

在 1998 年 2、3 月間，國內相繼發生重大飛機失事事件，飛行安全再度成為全國民眾、新聞媒體、甚至政府高層之注意焦點，一時之間或成立新單位進行任務編組以加強督導飛安、或紛紛舉辦各種研討會與公聽會，在各方檢討追究責任之際，往往忽略了一些長期性飛安工作的重要性。目前在各界警覺到我國缺乏飛安相關人才的同時，亦不免對學術界以往在這方面的貢獻提出若干質疑。本文願就飛行安全及航空工程理論的相關性，特別是飛行安全之工程技術層面，作一整體性之釐清與說明，希望對未來成立民航學院或研究單位的方向掌握上，能夠有若干助益。

航空科技提升飛航安全

眾所周知，飛行安全工作內容包羅萬象，從造成失事事件的三大成因：人為疏失、環境（大氣）因素、及機械（維修）因素的分類，可再細分為航員、航管、氣象、場站管理、航空公司航務運作、飛機性能、維修等七種原因，從以上的分類中，我們可以體會出飛安工作涉及工程科技、飛行及維修實務、管理、心理、生理等不同領域，並首重「系統整合」觀念。而航空工程則從航空器的設計、製造觀點出發，其研究方法或計算、或實驗、或數學解析；推理過程則先了解欲解決之工程問題，繼之以設立一物理「模式」並

簡化之，再以數學或實驗模式表現且設法得到解決方案，並以實例驗證之。航空工程專業領域可大略分為氣體動力學與流體力學、結構與材料力學、燃燒與推進，及穩定與控制等四個大方向，與民航或飛安相關科技的確有若干差距，但近代在航空器設計製造上也逐步推動同步工程的觀念，即把上游的設計製造與下游的使用維修整體結合，在一開始就將未來使用與維修的種種困難，融入基本設計理念當中，因此傳統航空工程理論有漸與民航科技合流的趨勢。

　　整體而言，航空工程科技應用於民航與飛安事務上約有下列數項：

1. **飛機性能分析**：從起飛、爬升、巡航、降落、載重平衡、油料估算等，皆可利用航空工程學理或公式分析得出。

2. **發動機狀態監控**：發動機為一切動力之來源，其狀態監控、故障偵測，皆可經由燃燒熱流、油液壓系統、控制理論與電腦科技的密切結合，而迅速有效地偵測出來，對增進效率與提昇飛安上助益甚大。

3. **空氣動力學設計**：飛機起降時所啟動之前後緣襟翼（Slat, Flap）可增加升力，長途巡航飛機之翼端小翅（Winglet）可減阻省油，以及目前正積極研發之尾流（Wake）去除裝置以增進飛安等，均為空氣動力學在外型設計上之直接應用，欲

了解這些裝置的機制影響，仍然要從基礎空氣動力學著手。

4. **飛行力學與穩定控制**：包含失事飛機軌跡判讀、低空風切下最佳飛行策略、陣風或亂流中之飛行品質分析等狀況，以及飛機水平尾翼、垂直尾翼及三套控制面（Control Surface）之位置、大小等，皆植基於飛行力學分析與穩定控制理論。民用飛機首重飛行品質，設計上必力求穩定且易於控制。

5. **破壞力學與非破壞性檢測**（NDI）：在飛機的材料選擇及結構設計上，必須考量質輕、耐重、體積小、耐高溫、耐撞擊、價格便宜，且易於維修等。除此之外，材質破裂狀況的分析預測，及以非破壞性方式偵測肉眼不能見之細小裂痕，皆屬高科技材料力學範疇，對降低修護成本、提升效率上貢獻良多。

航空工程學理是飛行判斷的基礎

在直接與飛行安全相關的失事預防及失事調查方面，筆者必須指出大部分的失事原因——人為疏失，均與航空工程學理相關性不高，但仍有甚多案例與學理息息相關，可以說如果沒有航空學理作根據，則有些失事原因無從判斷。現以下列兩例說明之：

1985 年 8 月 12 日傍晚時分，日本航空公司（JAL）一架波音

747-100SR 客機，在東京西北方之鷹山上撞山墜毀，死亡人數五百二十人，是有史以來失事飛機單架死亡人數最高的一次。失事後由墜機地點附近及遠在 95 英哩外東京灣尋獲的飛機殘骸分析，並經材料驗證、破壞檢測，與少了近 50%垂直尾翼的全機風洞測試、飛行力學計算後，終於使得真相大白：原來此架飛機在 1978 年一次意外中受損，但波音公司採用錯誤之維修方式，使得機尾的壓力隔板（Aft Pressure Bulkhead）銜接處因金屬疲勞而斷裂，內外壓力差又造成壓力隔板向後彈，致使機尾四具液壓控制器失效、部分結構斷裂，最後竟使垂直尾翼被扯掉近 50%面積，飛機失控進入 Dutch Roll [1]及長週期（Phughoid）振盪，[2]以致於撞山墜毀。此事件除了維修人為錯誤外，完全是材料力學、飛機系統、飛行力學，及空氣動力風洞測試的密切結合。

　　1982 年 1 月 13 日，美國佛羅里達航空公司（Air Florida）一架波音 737 客機在大風雪中從華盛頓特區機場起飛後不久，就因無法繼續爬昇而撞橋，掉落於市區內之 Potomac 河中，機上七十九人中七十四人死亡，另外橋上汽車中另有四人受撞擊死亡。經過失事原因判定研

---

1. Dutch Roll 是指飛機在橫向或側向因外來干擾而左右傾斜振盪的一種運動模式。
2. 長週期振盪是指飛機在縱向因外來干擾而上下傾斜振盪的一種運動模式。

究後，發現除了飛機使用手冊缺乏在惡劣天氣操作程序、機員訓練不足等問題外，最重要的肇事原因為：(1) 737 機型其機翼前緣因結冰而有起飛後機首朝上（Pitch Up）之傾向；(2)因壓力判讀探針（Pressure Reading Probe）受冰阻塞而使機員誤以為已達最大起飛推力，但事實上當時每具引擎只有 10750 磅推力，遠小於標定值 14500 磅推力；(3) 當日因大風雪而造成的除冰程序失當。此事件除了促使業界重視在風雪天氣下除冰、引擎推力、操作程序等之問題外，更突顯出航空氣象、飛機系統、發動機性能，及空氣動力升阻力變化等之因果關係。

綜上所述，可以明瞭飛航安全與航空工程學理二者之相輔相成、密不可分，飛行員與飛安分析員需要學理作為常識判斷的基礎，而航空學者也必須了解實務面需求及各種術語意涵。但目前我國此二者之交流並不密切，往往飛行員熟悉飛行相關現象，但不明白其量化之物理意義；學者不僅不會飛行，也欠缺操作、飛行實務之各種常識知識。以筆者之經驗而言，華航名古屋失事事件中在飛行控制中居關鍵地位之術語「α-floor」，[3] 筆者當時雖知道攻角為

---

3. α指攻角（Angle of Attack），即機翼前緣至後緣間直線與相對風速間之夾角，此角在飛行時具有特殊意義：當攻角過大時可造成失速現象而使飛機升力喪失。α-floor 是指將攻角降低至最小值，此為空中巴士機種之專有術語。

何，卻不知 floor 之意義為何；再者於低空風切中飛行策略具關鍵之字眼「Stick Shaker」，[4]亦須長期體會討論方能徹底明瞭。

結　語

　　個人認為：飛安工作範圍太廣，沒有任何專家可以掌握全部管理、生理、技術、環境上之細節，但在技術上實務（機務、航務經驗）必須儘量與學理結合，學者與業界專家都必須自我反省，相互學習，並期望在未來數年中我國能夠培養出一批會飛行、懂學理，並具實務經驗的航空專家學者，為即將面臨的航空高科技挑戰貢獻心力。

（1998 年 10 月號）

---

4. Stick Shaker 指當飛機接近失速攻角時，操縱桿發生抖動警告之裝置或現象。

從心理學的角度看飛航安全

◎—葉怡玉

任教於臺灣大學心理系

飛航安全是一個複雜的議題，牽涉龐大的航空體系，在這個龐大的體系裡，我們不難發現「人」扮演了極重要的角色。除了氣候是「人」所不能掌握的因素，每個飛航安全的環節都牽涉到「人」的部分：飛機是「人」設計與製造的，航空法規是「人」所制訂的，空中交通是「人」所監督與管制的，維修是由「人」執行而認可的，而當然飛機是由「人」在駕駛與監控的。只要牽涉到「人」的因素，心理學的知識就有其重要的應用價值，也因此在飛航安全的規畫與執行上扮演舉足輕重的角色。

飛機設計與心理學

從飛機的設計開始，許多飛機內的科技都是為了幫助飛行員更有效率地操控飛機，而讓旅客有一個舒適之旅。由於科技的進步，今天的機艙已與萊特兄弟當初飛行時的機艙有天壤之別，也越來

趨向於有如太空管制中心的高科技控制室。常有人說「飛行是幾十分鐘的無聊加上幾分鐘的緊張」，今日的飛行員即使使用的是自動化操控系統，但仍然必須面對許多複雜的訊息。如何在適當的時機讓自動化系統以適當的方式呈現訊息，以及如何設計一個以「人」為中心的自動系統，便成為心理學家在航空研發領域裡的重要工作。因此，美國波音公司以及許多飛機零件製造廠商，都以心理學家為主的「人因」單位負責研發與應用「人－系統」介面的設計。

　　舉例而言，當彩色電腦螢幕被引進 757 和 767 機艙時，波音公司的心理學家進行了大規模的應用色彩知覺研究，以實驗的方式驗證，並延伸有關人類色彩知覺的基礎知識，建立提供日後機艙內電腦螢幕色彩選擇的算則模式。除了色彩的研究，由於當時自動化的引進，而將機艙內的機械工程師編制去除，改由兩位飛行員操控；波音公司也必須進行「工作負荷量」的研究，來證明此改變不會增加負荷量，飛機才得以出廠。此項應用的「負荷量」研究建立於十幾年的生理與認知心理學實驗室研究，這些基礎研究也奠定了今日美國空軍的「工作負荷量」測量工具。

　　色彩選擇有什麼重要呢？試想在豔陽高照的情境下，如果所有代表「警告」的黃色刺激都變成代表「正常」的白色刺激，飛行員豈不是會錯誤地認為系統一切都很正常？前幾年，波音公司考慮以

CMD（色彩矩陣螢幕，筆記型電腦彩色螢幕即屬此類）取代一般電腦螢幕時，心理學家又再度進行同樣的色彩與亮度研究；除了這些研究，心理學家也加入設計小組，探討自動系統的設計如何達到以「人」為中心，而使得飛行員與自動系統有最佳的互動。為使自動飛行系統從設計的哲學到介面的理念，都盡量以「Fit the machine to the person」（以機器去配合人）的觀點出發，每當新系統的出現（如前幾年的空中交通撞擊與避免系統），心理學家都在介面設計上考慮「人」的能力與限制，並以實驗的方法找出誘發飛行員使用系統時犯錯的可能性，思考如何引進最新技術來改進現行系統的介面。透過許多研究，相關的委員會才能正確地判斷與決定下一代系統介面的規格。

管理的心理層面

　　飛機出廠交到航空公司後，由維修人員負責維護機件，飛行員負責駕駛，管理者則身負管理的執行。在航空公司內，組織文化可以影響公司成員對「飛安」的心態與理念；管理政策的落實也可影響成員對公信力的評價，而影響成員遵行的意願。組織心理學與企管管理學的研究，可以協助航空公司運用各方面的硬體、軟體、與人力資源，塑造一個以飛行安全為重的組織文化。

在塑造飛航安全文化的過程中，領導風格是其靈魂，管理政策與落實是其骨幹。試想，如果領導者展現的是權威領導模式，事事以霸權的方式要求部屬服從，而從不聽從部屬的建言，這樣的領導者能塑造一個團隊分工合作的氣氛嗎？如果高階管理者的行為傳遞「賺錢為第一」，而只是以形式的方式處理飛行安全的議題，員工又怎會重視與遵守飛安的政策呢？如果平日管理階層不肯投資任何資源，找出可能造成危險事故的因子而做預防的工作，緊急狀況時又怎會有能力去因應呢？試想，如果管理階層在獎懲方面展現了「因人而異」的作風，有投機心態的人便可能在小處打馬虎，犯錯後也以「人情路線」的方式解決。久而久之，就沒有太多人會把公司的政策當回事了。

在管理的實際落實方面，恰當的排班可以減輕人員的工作負荷量，而不會發生因工作負荷過重引發人為誤失。試想，如果一個飛行員每天到家都已經是晚上十一點，稍微輕鬆一下，十二點上床，第二天要五點起床好準時到支派中心報到，對這位飛行員而言，他／她的睡眠時數足夠到可以應付特殊的緊急狀況嗎？如果這位飛行員的飛行工作時數常常超過規定，這位飛行員的長期工作壓力與疲勞又會如何影響他／她的警戒性？如果這位飛行員是飛長途跨越不同時間領域，他／她的生物週期（circadian rhythm）又會如何的變化

而影響認知思考的決策呢？

飛行員的人格特質

　　睡眠時間的多寡與生物週期的規律，可以影響飛行員認知思考的決策，也可經由長期的累積而造成飛行員生活裡的壓力。除此之外，飛行員也承受了其他方面的壓力：許多飛行員因為飛長途或因為工作的需要而常常與家人分離，而飛行員在飛行時面對的是不可控制的氣候環境與機器系統故障的可能，飛行員必須承擔乘客生命安全的責任，以及長期在狹小機艙內工作等。這些壓力究竟如何影響飛行員的身心健康呢？一般飛行員又是如何的適應這樣的生活環境？健康心理學的研究便在此領域有其極重要的應用價值。由健康心理學的研究，我們知道壓力的因應與個人特質和認知模式有密切的關係。因此，我們不妨考慮究竟什麼樣的人格特質適合當飛行員。

　　除了早期傳統的手腳協調，到今日的注意能力、心智能力、與人格測驗皆是測驗的項目。由於紙筆人格測驗容易作假，許多國外的航空公司也加入結構式面談與行為觀察的項目，期望能透過這些方式，找到適合該公司文化的飛行員。不管是哪種測驗，國外有關機構都以實驗研究的方式，去了解飛行員工作的性質與生活風格的

特色；訪問專家，再由測量心理學的專家設計出適當的測驗。每一測驗也必須經過信度與效度的研究，並由設計者固定地修正常模資料。信度與效度是設計測驗裡極為重要的工作，否則就如坊間的畫圖看性格，或適合讀什麼科系的測驗一樣沒有採信的價值。

訓練的心理學

　　飛行員被錄取後，自然是需要經過一段訓練的過程。有的飛行員是由軍中退伍轉入民間，有的是從大專院校畢業後透過招考進入航空公司，不同背景的飛行員需要不同的訓練。訓練，一直是心理學裡非常重要的領域。在心理學的研究裡，我們關心的是究竟哪種訓練方式最有效率，我們關心的是究竟被訓練者的過去經驗是否有不適合於目前操作的成分。除了一般性的訓練研究，一些單位也會諮詢心理學家，請他們針對特殊工作進行應用性的研究，以科學方式與資料來設計訓練課程。只要牽涉到教學，認知心理學的知識便可有其應用的空間，透過嚴謹的教學，我們可以訓練技術性的技巧與知識。但是，我們是否可以用同樣的方式，訓練比較柔性的課題呢？在飛行裡，除了飛行的技巧與對系統的掌握，組員如何以團隊的精神有效運用各種資源，是飛行安全的重要議題。在許多飛機失事事件裡，組員資源運用扮演了關鍵的角色。在某次失事事件裡，

全體組員以為一個儀表有機械故障的嫌疑，而全體一致地把精力放在解決此問題上，卻完全忽略這時高度儀表已經顯示飛機正在急速地下降。在另一次失事事件裡，飛行員以為飛機在自動駕駛的操控中，而忽略了高度儀表的訊息，直到飛機失速，飛行員才警覺地把飛機拉回適當的高度。由於不當的組員資源管理，造成了許多失事事件。美國的太空總署研究單位 NASA-Ames 在 1979 年舉辦了第一次的組員資源管理工作坊，各航空公司也定期地舉辦類似的訓練。事實上，NASA 在辦工作坊之前，就已經委託德州大學的一位社會心理學家進行相關的研究，期望找出有效的組員資源管理與互動模式。

　　目前而言，許多組員資源管理的訓練，會考慮以下的課程：溝通、任務分析與工作負荷的分配、壓力的管理、領導術（鼓勵參與）與被領導術（自信的確認與提出建言）、錯誤環節的確認與狀況警覺、訊息的蒐集、人類訊息處理、決策與判斷、團隊的同步（synergy）與建設性的批評、風險管理、正確的飛安心態互動等。此外，基於目前許多航空公司聘用不同國籍的飛行員、跨文化的團體互動也成為被討論的議題。

飛行中的人為誤失

　　所有訓練的目的，在於建立飛行員正確的安全觀念，以減低可能的人為誤失。根據研究，人為誤失大約可分為三類：知識性、規則性、技巧性。除此之外，人類訊息處理的歷程中處處都有其限制：視覺上我們可能產生錯誤判斷，例如飛過矮樹叢時會錯誤判斷高度；聽覺上，我們容易受到背景裡類似語音的干擾；我們的工作記憶容量有限，容易因為被打斷而一剎那間忘了自己剛才在做什麼步驟；我們的決策歷程往往不是決策理論裡算則出的最佳選擇；我們往往又自以為是的只接受符合自己預期的資料，而忽略不支持假設的資料；我們有時因為習慣性的自動化行為，而忘了自己是否做了該做的事情，或忽略該行為的適宜性。這些種種認知歷程均限制導致我們在強大的壓力下容易犯錯，在壓力下，我們的注意力無法有效地運用資源，而忽略了重要訊息，我們的決策也容易出現混淆不清的思考判斷。

　　飛行事故裡的知識性人為誤失，通常起源於飛行員對複雜系統的不了解，沒有建立起正確的心智模式，使得在緊急狀況時，不知如何最有效地利用（或不利用）自動駕駛系統，而做了錯誤的決定。規則性的誤失，常起因於飛行員錯誤地應用了某些程序。許多

技巧的誤失，則來自自動地做出某些不適宜的動作，就像隨手關門時忘了帶鑰匙。NASA-Ames 的報告系統資料分析顯示出，在1978～1990 年間的失事事件中高居前三名的主要錯誤是程序錯誤、決策錯誤、與飛機處置錯誤。在主要錯誤後，又因其他組員未監測或即時質疑（亦即不當的組員資源管理），而產生失事事件的頻率也相當高。飛行員對於機種經驗不足、維修不當、飛行員的基本飛行技術、與飛行員不遵守程序，則為國內失事事件的主要導因。由此可見，中外飛安事件的導因有其共通之處。如何避免這些可能的人為誤失呢？在甄選找出合適的飛行員之後，訓練的模擬機應該與實際飛行機種相同，加強自動系統的知識與確認飛行員正確的心智模式。其他如模擬機的訓練應該讓飛行員實際地學習所有緊急狀況，普遍地蒐集與有效地傳遞資訊，使飛行員多吸收其他專家的經驗，針對過去經驗的可能負向影響提出訓練課程，提供合適的航空體系以減低搶先降落的風氣，去除「我能」的英雄心態，加強管理以減低飛安流於形式等都是可行的方法。

維修與航管的人為誤失

　　減低了飛行員個人的可能誤失來源之後，維修與航管人員的可能誤失有哪些呢？維修人員的疏失可分為三類：將好的機件更換

掉、無法偵測出故障、將好的機件弄壞掉。除了基本的知識與技巧，工作環境也是影響維修人員工作績效的重要因素。如果維修人員在起降之間，沒有充分的時間檢查與更換零件，沒有徹底地確認更換零件的程序，每年沒有固定地做航空器檢查，飛機的硬體恐怕就不是保持在最佳的狀態之下。

　　如同飛行員一般，航管人員也應經過有信度與效度的測驗，來篩選並接受有效的訓練課程。而航管人員的工作負荷與工作的激勵，也是我們需要關心的議題。航管人員也有可能在交通尖峰時段裡，因為工作負荷量而產生誤失。在繁忙的機場，一位航管人員常需要在一時段裡同時監控七、八架飛機，因而需要高度的注意力與警覺性。如果人力不足，航管人員就需常常排班而造成長期疲勞；如果排班不當，而亂了航管人員的生物週期，他們的工作效率也將降低。此外，航管人員與飛行員的互動，也可能導致事故的出現。有些失事事件來自航管人員與飛行員的溝通不良，例如航管人員知道第二個滑道進場處因施工而關閉，便將第三進場處稱為第二進場處，但是飛行員在不知情的狀況下，聽從指示而由原來的第二進場處滑進。或者是飛行員唸錯高度，而航管人員並沒有加以糾正，使得飛行員以錯誤的高度進場。也有可能是飛行員不了解航管人員在管制時所思考的因素與邏輯，而導致對航管人員的安排有所不滿或

對被要求等候，而產生急躁的心情。

　　如果飛行員與航管人員的溝通不良造成事故，執行監督機構的公信力便很重要了。公信力也是失事調查與定期查核所應該強調的。此外，政府的機構更應該負起推動飛航安全的責任，以開誠布公的心胸面對體系的問題，並逐一改善。以美國為例，交通部、民航局、太空總署的研發單位，都支持與航空安全有關的基礎與應用研究，期望不斷地向科技與飛行安全挑戰，並將這些最新資訊迅速地傳遞給民間業界。NASA-Ames 所建立的獨立報告系統，蒐集並分析事故的來源以提供業者資訊。民航局的查核員也需要定期複訓，以便掌握最新的資訊，接受新規則的訓練。至於攸關眾人的航空法規，美國民航局也以夥伴的心態與航空業界共同修訂合宜的法規，檢討落實層面的問題。

結　語

　　不論是政府機構的執行人員或是飛行員，一個人在執行工作時不安全行為的原因，可以分為三類：不知道、做不到、以及不願做。每類不安全行為，都有其更深層的動機或環境結構。在飛航安全的體系裡，每一個成員其實都身負責任，飛行員只不過是最後的執行把關者。究竟我們要如何達成「零失事事件」的目標，需要各

個環節所有人員的同心努力。除了傳統的控制方式（甄選、訓練、人因工程分析、系統安全檢查等）之外，非傳統的控制方式（組織氣候分析、危機仲裁、個人價值與動機分析、壓力分析、覺醒狀態分析等）也是應該納入的議題。跨越不同領域研究的結合，針對各角度的探索，飛航安全的維護才得以永續。

（1998 年 10 月號）

參考資料
1. 陸鵬舉、嵇允嬋，《國際航空器飛安事故模型建立及預測之研究》，1995 年。
2. 葉怡玉、汪曼穎、黃榮村，《飛航安全的心理與行為面之影響因素及其對策Ⅰ：建立基本資料之調查研究》，1997 年。
3. 許尚華，〈由事故分析談人為因素對飛航安全之影響〉，航空安全研討會，1994 年。
4. 莊仲仁、郭建志，〈飛行安全概念之初步分析〉，航空安全研討會，1994 年。
5. 莊仲仁，〈飛安有捷徑嗎？〉，飛安學術研究座談會，國科會工程推展中心舉辦，1998 年。

從航空公司觀點看飛安

◎—何慶生

任職於長榮航空公司

不管是航空公司內部的作業或是外部環境的互動，每個環節都與飛航安全有直接或間接的關係，因此航空公司在確保飛航安全的工作上除必須作好內部管理的各項工作外，並要積極主動掌握外部環境的變化及其不確定性，如此才能將飛行風險降至最低。

1998年2月間，華航大園空難及國華新竹空難的相繼發生，使得飛航安全頓時成為社會關注的焦點，在媒體強勢的報導下，民眾對飛安的恐懼，剎那間成為揮之不去的夢魘。連續空難的發生，等於將政府積極籌建臺灣成為「西太平洋空運轉運中心」的計畫畫上了一個大問號。兩次的空難奪走了二百一十五條人命，造成許多家庭親人永別的悲劇、社會的震撼及國際聲譽的影響。因此如何記取這些慘痛的教訓，挽回全民對飛航安全的信心，健全我國飛航安全的管理體制，已成為我國民航產、官、學界一項刻不容緩的任務。

自從 1987 年政府實施「開放天空」政策後，國內民航事業快速成長，國際線旅客從 1987 年的五百六十餘萬成長到 1997 年的一千七

百餘萬，在這十年間，成長率高達三倍。國內線旅客從 1987 年的五百六十餘萬，成長到 1997 年的三千七百餘萬，成長率更高達近六倍。我國固定翼的航空公司也從 1997 年的四家增加到目前的十家，由於產業及民航市場在過去十年間急遽的擴張，雖然滿足了產業及旅客對空運的需求，然而飛安事故持續的發生，及高於全球的航機失事率，卻也顯示了我國民航在制度及管理上均面臨不同程度的「轉型」及「瓶頸」等問題。

飛航安全是一項整體性、全面性的工作，它須要法規與執行技術的相互配合、相輔相成，方能建立一產、官、學和諧互動的機制。過去在法規不健全、監督功能無法發揮、民航管理及技術人才不足的情況下，要探討如何確保飛安，無異是緣木求魚；然而政府在近二、三年來不斷地修訂民航法規、飛安查核制度的改善及民航人才的培訓，所做的種種努力，均顯示政府改善飛安的決心。

飛航安全是航空公司生存的命脈

如何將搭機的旅客安全、舒適地從出發地運送到目的地，這是航空公司與旅客的一項契約關係，為了提供旅客安全舒適的空中旅行，全球的航空公司無不視「安全」與「品質」為航空公司生存的命脈。

航空公司的作業可分為內部作業的運作與管理，及外部環境的互動與協調。以一架滿載旅客的班機從中正機場起飛至美國洛杉磯機場為例，從旅客的訂位開始、班機的調度、飛行計畫的擬訂、氣象資料的收集、飛行組員的安排、航機維修作業的完成、機場地勤作業的配合，在種種的前置作業完成後，旅客在空服員熱誠的歡迎下登機；飛行組員在取得航管的許可後，開始執行飛機後推及啟動引擎的程序，當四具引擎以全推力的將波音747-400型客機這一龐然大物從中正機場 06 號跑道緩緩地推向浩瀚的天空，多少努力與付出，均是為了讓這一趟越洋飛行能有一個好的開始。飛機在爬升至巡航高度後，飛行組員會以氣象雷達來留意沿途的氣象狀況，以提供旅客平穩舒適的飛行。當旅客在客艙裡享受平穩飛行的同時，駕駛艙裡的飛行組員無不時刻注視各項導航系統、引擎狀況及客艙溫度等種種數據，並依指示於各個位置報告點以無線電與航管人員聯繫，以確保飛機的航向、高度、並與其他的飛機保持一定的距離。在飛機飛抵美國西岸的領空時，航機會在航管的指示及引導下，緩緩地下降高度，在繁忙的空域裡，為了避免飛機的空中接近，新型的客機均裝置了空中避撞警告系統，以避免空中接近事件的發生，當航機在取得洛杉磯塔臺的落地許可，飛行組員在完成落地前的各項檢查後，航機平穩地降落在洛杉磯機場 24 號左跑道，緩緩滑行並

停靠在指定的停機坪，在旅客帶著疲憊及歡愉的心情下機後，這一趟越洋飛行任務方能畫下完美的句點。

修引擎

從上述的例子中，我們可以了解航空公司為了提供旅客安全、舒適的空中旅行，需要有訂位、票務、機場地勤作業、航機維修、飛行作業、空服作業、人員訓練及內部管理等各項作業完美的配合；而在外部環境的互動與協調上，則包括各國民航法規的遵守、機場設施及導航系統的了解、氣象變化的掌握等等。不管是內部的作業或是外部環境的互動，其每個環節都與飛航安全有直接或間接的關係，因此航空公司在確保飛航安全的工作上除必須作好內部管理的各項工作外，並要積極主動掌握外部環境的變化及其不確定性，如此才能將飛行風險降至最低。

如何提升飛航安全？

在全球的航機失事統計中，近 70%的失事事件是因為「人」的因素所造成，狹義的「人」是指飛行員、維修人員、航管人員等的個人疏忽，然而廣義的「人」則是指組織管理、制度規畫及政策擬

定等的「擬人因素」。如何避免「人為疏忽」的發生，全球民航界無不積極探討人因工程的各項領域，並經由飛機的設計、法規的制定、組織的規畫、訓練的加強等來避免「人為錯誤」的發生。

　　航空公司若要確保飛航安全，除應努力於科技上的應用及組織功能的發揮外，並應重視人因工程的各項主題。

　　在科技應用上可以利用現代化的高科技航機系統，例如利用航機監控系統（Aircraft Condition Monitoring System, ACMS）、地空通信系統（Aircraft Communication & Address Reporting System, ACARS）所提供的航機引擎與飛行資料執行之系統化和數據化的分析，以在「第一時間」內能掌握飛行的動態，進而作為航機維修及飛行操作改善之依據。另外，例如空中避撞系統（Traffic Collision & Avoidance System, TCAS）及新一代的地障接近警告系統（Enhanced Ground Proximity Warning System, EGPWS）等先進的科技均能提供空中及地障接近的前置警告，讓飛行組員得以做出適當的處置。

　　在組織管理上，飛航安全是一項整體性、全面性的工作，如何經由組織的規畫、行政功能的發揮及持續安全教育的推廣，來激發全體同仁的「安全意識」，並樹立遵守標準作業程序的行為規範，進而建立全體同仁所認同的價值觀——安全文化。安全文化的建立與組織紀律的規範，對確保飛航安全扮演著舉足輕重的地位。

公司高層主管對安全管理的承諾、支持及參與則是另一項在組織管理上的關鍵因素。

在人因工程上，必須加強從人因工程學及組織行為學的觀點來探討人為錯誤發生的原因及研擬相關因應的預防措施，積極推廣各項人因工程訓練課程，以探討有效溝通、情境認知、壓力調適、文化差異等各項主題來加強空、地勤組員對人為因素的了解及其互動，以降低人為錯誤的發生。

如何以積極主動、實事求是的風險管理取代過去消極被動的危機處理，以系統化的方式來分析及探討內部管理及外部環境的各項缺失及潛存問題，以組織化的方式來凝聚共識，建立和諧的安全文化，以國際化的方式來因應二十一世紀的各項挑戰，均是航空公司為達成全方位飛安管理所須面對的挑戰。

永無止境的追求

「Total Quality is Safety!」如將飛航安全視為一項服務品質時，經驗告訴我們，品質不是一種你想到它時再來要求便可得到東西。穩定的品質，必須來自於已融入生活信念及企業文化的日常工作態度之中，才能真正達成。因此，安全文化的建立、組織紀律的規範、高層管理的支持，以及標準作業程序的落實，均是確保飛航安

全所不可或缺的要項。

　　飛航安全是一項永無止境且須全力投入的持續工作，它是由「法規制度」、「人員訓練」及「作業紀律」所組成的一項絕不可打折扣、具道德特質的管理工作。政府部門須有前瞻性、整體性的規畫，建立健全的航空法規，發揮民航主管機關督導檢查的功能，輔以航空公司實事求是的企業文化及遵守標準作業程序的組織紀律，並在全民的支持與認同下，才能達成飛安零事故的最終目標。

（1998 年 10 月號）

談人類的太空發展

◎—簡宗奇

自由撰稿人

太空的疆域廣垠無限，不論是物質或精神方面，我們都可以從浩瀚的宇宙汲取養分，投擲出遠見與腳步。到了太空之後再回頭看地球，才是人類真正的反省，真正的反求諸己。

過去數十年來，在太空科學的領域中，人類有著令人嘆為觀止的成就。美國與前蘇聯都締造了歷史性功績；雖然兩國的太空發展總是受到政治角力推波助瀾的影響，但是真正令科學家想要在太空中開疆闢土的動機，其實是一種探索科學真理與前進未知領域的好奇心與渴望。

無法控制的渴望

太空世界著實有內在抽象的吸引力，在好奇心的驅使下是如此，在對人類提昇心靈境界的追求中亦然。當水平視界的紅塵世界令人悵惘時，建議不妨往垂直方向尋求自我解放的景深，這很容易可以豁達人的胸襟。

筆者猶記少年時光，只要稍微遠離都會城邦，清明透澈的星空通常垂目可得；而今光害加劇，大概只有置身高海拔地區，才能突破塵囂，找到銳利的解析度。這種解析度不只使宇宙萬象從隱性轉為顯性，更可以用來拓展人類視野與胸襟，並檢視人類長遠生存發展的危機與契機。

美國內戰時期的作家梅爾維爾（Herman Melville），在其著作《白鯨記》中對浪跡天涯的漫遊者有這樣的詮釋：「我對遠處的事物有一種無法控制的渴望，我最樂於航行在形勢最險惡的海洋中。」如果用這句話來描述二十世紀的航海家——太空人與科學家，是再適合也不過了。人類的太空發展已從早期美蘇兩國的競賽取向，逐漸轉變至今日拓展人類生活視野與未來維護人類永續生存的積極目標，太空很自然地已成為我們除了地球表面之外另一個利用厚生的新領域。

廣開兮天門

當我們向著無垠的宇宙投射我們狹隘的視線而有所發現或領悟時，往往會充滿著「雖不能至，而心嚮往之」的熱烈情致。百餘年前的大畫家梵谷一定也有類似的心境，於是他「在夜晚走出室外，將星辰繪下。」

然而，正如太空之旅之父——俄國的齊奧爾科夫斯基（Konstantin E. Tsiolkovsky）的墓誌銘所云「人類不會永遠束縛在地球表面上」一樣，人類的心門正如太空之門廣開，而且現代科技已讓人類具有掙脫地球引力的能力。究其史實，這一切在古老的東方有個光榮的起點。

　　中國人最早發明火箭，早在西元850年，中國人就開始在節慶上玩賞「衝天炮」。1086 年宋朝與西夏的蘭州之戰就曾經大量使用火箭，開啟戰場上應用火攻武器的新紀元。火箭也曾在 1570 年，以光彩奪目之勢點亮了德國紐倫堡的夜空；在 1792 年，加入印度的正規部隊，因此大敗英軍；也在十九世紀中葉，因加裝導流片使其如子彈旋進而改善了安定性；後來火箭更在美國的墨西哥戰役、克里米亞戰役與南北戰爭中使武裝戰力倍數加碼。

　　再來的發展則由美國的火箭之父高達德（Robert H. Goddard）與德國的奧伯特（Hermann Oberth）及馮

明朝萬戶，坐在裝滿火藥的「飛天椅」上，準備一舉升天。（作者提供）

布朗（Wernher von Braun）等人所承啟擅場。高達德在 1926 年讓史上第一具液態燃料火箭發射升空；奧伯特的學生馮布朗則於 1942 年建造出兼具大名與惡名、在大戰期間令倫敦市雞犬不寧的 V2 火箭。

　　戰後，德國的火箭資源成為戰利品，為美俄所瓜分，成為後來兩國太空發展與競賽的基礎。美軍以迅雷之勢擄獲了一百具的 V2 火箭；俄國的腳步較慢，但也囊取不少科學家與設備。

　　後來，馮布朗長期在美國的太空發展中擔任要角，俄國則由科羅列夫（Sergei Pavlovich Korolev）主導，兩國於是展開蔚然大起的太空競賽，這種高度的太空熱情是當時尚以核子武器維持恐怖平衡的冷戰敵意中交織出來的，但是其中不乏也夾雜著科學家前進太空、開疆闢土的原始情愫與內在動力，如此原始情愫與內在動力並不隨政治勢力消長，方具有永恆價值，乃人類科學文化中彌足珍貴的一部分。

揚帆馳騁太空去

　　1957 年，俄國發射了史上第一具人造衛星，開啟了太空新紀元；次年，美國也不甘示弱，隨即跟進。1961 年，俄國人蓋加林（Yuri Gagarin, 1934～1968）成為第一位進入地球軌道的太空人，1962 年，美國的太空人格林（John Glenn）又緊跟在後，就這樣，兩

國之間就進行了一連串令人目不暇給的太空競技，並驅馳人類的足跡，突破地球大氣層，邁向絢麗的太空。

　　在美國方面，自從美國前總統甘迺迪在 1961 年發表過「十年內要登陸月球」的「太空宣言」之後，遂積極進行了「水星計畫」（1961～1963）、「雙子星計畫」（1962～1966）與最後達成登月任務的「阿波羅計畫」（1966～1972）。在水星計畫中，美國數度完成了載人的繞地飛行任務，每次載送一位太空人，證明了人類禁得起太空飛行的考驗。到了雙子星計畫時，載送的太空人增至兩位，同時也開始在繞地運行中模擬太空船聯結與軌道會合的任務，實際進入了登月計畫的準備階段。

　　1969 年 7 月 20 日，阿波羅十一號太空船首次登陸月球，兩位太空人在月球表面上，用足跡寫下英雄史詩。隨後，阿波羅十二、十四、十五、十六與十七號均成功地在月球表面上豎起美國國旗，帶回豐碩成果。在這一階段期

1969 年，阿波羅十一號太空船首次登月，人類用足跡在月面上寫下英雄史詩。（作者提供）

間，前蘇聯雖有多次成功的繞月與探月任務，但可惜都未能登陸月球。

在阿波羅計畫畫下句點之後，美國一邊進行「太空實驗室計畫」，一邊從事太空梭的設計與建造工作。在 1973 年內，美國共發射了四座太空實驗室，這是一種小型的太空站，可作為太空人長時間居留、進行軌道實驗與太空觀測的場所。同一時期，前蘇聯則以「禮炮」號系列的太空站與美國互別苗頭。兩國在太空站上所累積的知識，對以後太空人長期適應無重力環境、建立完備的維生系統與從事太空飛行方面有很大的助益。前蘇聯在這方面的努力更是持續進行，1986 年，他們將更大的「和平號」太空站送上地球軌道，這座太空站服役近十五年，直至 2001 年 3 月才功成身退。和平號在太空人居留天數與無重力科學研究上寫下許多超越美國的輝煌紀錄。

而美國在太空實驗室計畫之後則由太空梭獨領風騷，自 1981 年 4 月 12 日「哥倫比亞號」首次升空至今，各組太空梭已完成了超過一百次的飛行任務。

太空梭是一種可以重覆往返地球與太空之間的「交通車」與「工程車」，同時是一個短期運作的太空實驗室，舉凡人造衛星的載送與維修、星際探測船的發射、太空望遠鏡的安置、未來太空站

設施的運送與組裝，以及人員的接替等工作，太空梭都可發揮其多元化的功能。

美國最重要的太空工程車——太空梭。（取自 NASA 網站）

自 1990 年代起，美國與俄羅斯已開始主導一項空前的太空建築計畫——國際太空站，這是多國合作的巨大工程，另有歐洲各國、日本、加拿大、巴西等十四國共同參與。首座艙組已於 1998 年升空，預計在 2006 年竣工，不過受到 2003 年初哥倫比亞號太空梭失事的影響，整個工程進度已經延宕下來。未來在完成之後，國際太空站將是有史以來繞行地球最先進的設施，其體積比和平號太空站大上四倍，使用的電力是和平號的六十倍，內部增壓空間相當於兩架巨無霸 747 噴射客機的容積，將可以為基礎科學、材料科學與生物科技

像結晶體一樣漸次成長的國際太空站。（取自 NASA 網站）

研究以及太空實驗與探測提供一個絕佳的場所，同時也可做重返月球與登陸火星的基地，這是現階段最重要的太空建築計畫。

太空武藝十八般

　　人類在致力於載人太空飛行的同時，也先後以無人太空船與太空望遠鏡從事天文觀測的工作。觀測的對象包括太陽系內的星體、星際物質、銀河系、特殊星體與大尺度的星系分布等，可以說是全方位進行，不遺餘力。

　　早期美國的「水手號（mariner）」系列太空船曾經親臨水星、金星與火星；「先鋒號（pioneer）」系列太空船則從太陽、金星、月球、一直到火星、木星與土星，都有珍貴的畫面傳回來；出名的「海盜號（Viking）」太空船曾在 1976 年兩度登陸火星，以自動裝置代替人手觸摸過火星表面紅色的石塊；「旅行家（voyager）」太空船也是成就非凡，它將木星、土星、天王星與海王星各自擁有的特殊風貌豁然呈現在世人面前。

　　到了 1990 年，「麥哲倫號（Magellan）」太空船再度造訪金星，描繪出精彩的金星地圖；1989 年發射的木星探測船「伽利略號」首度拋擲一個偵測器進入木星大氣層，並在原定計畫之外，三度延長探測任務，對四大衛星所得之豐富觀測紀錄，足供科學家研

究數十年；土星探測船「卡西尼號（Cassini）」也正在路途上，預計在 2004 年進入土星系統；冥王星也將有探測計畫；「深空一號（deep space 1）」與「星塵號（stardust）」現在正擔任著彗星與小行星的情報員，是地球重要的前哨兵；而在登月任務三十年之後，月球也再度受到關注，性能更精良的「月球探勘者號（lunar prospector）」甫於 1999 年完成任務；至於火星更是生意興隆，為地球之外探測航班最多的行

中國大陸已成為太空聯合國的要角。圖為「長征二 E 型」火箭。（作者提供）

星。未來，科學家希望藉由國際太空站作為踏板，準備要重返月球與登陸火星。

　　雖然太空任務有一定的風險存在，但過去所累積的經驗已讓這方面的技術越加純熟精進了，再加上日本、歐洲與中國大陸也陸續登上太空舞臺，使得近年來的太空探測活動呈現出欣欣向榮的景象。光是 2000 年太陽值活動極大期時，太空中就有來自美國的「轉變層與日冕探測號（transition region and coronal explorer，簡稱 TRAC-

E）」、日本的「陽光號（yohkoh）」以及美歐合作的「太陽與日圈觀測衛星（solar and heliospheric observatory, 簡稱 SOHO）」與「尤里西斯號（Ulysses）」等數艘探測船在「監視」著太陽，復加上地面上的各國天文臺，可說是頭角崢嶸、百家爭鳴。

另一方面，近年來送上太空進行包括可見光、微波、紅外線、紫外線、X 射線與伽瑪射線等全波段觀測的望遠鏡，更是多得不勝枚舉，可說是五光十色、百花齊放；這些觀測工具也讓二十世紀天文學諸如「宇宙擴張」「微波背景輻射」與「緻密星體（如中子星、黑洞）」等重大的發現，能在太空中做更精密的觀測與檢驗。人類面對宇宙的視窗，藉由太空科技的進步，的確已大大地擴展與延伸。

利用且厚生

太空科學是一門重要的先驅科學，繫乎人類的生存與永續發展，相不相信我們現在也都正在享受著過去數十年來太空科技發展的成果。舉凡以全球通訊網路為基礎的廣播電視、手機、網際網路和具備先進導航功能的全球定位系統等比比皆是，而且這種資訊網路已根深蒂固，如果沒有地球軌道上數以百計的通訊衛星，所有地面上的運作都將為之癱瘓停擺。

此外，在太空中有許多的人造衛星與太空船，正在執行保護地球的任務，有的監視隨時會有爆發活動的太陽，有些偵防撞擊地球的隕石與小行星，有些則居高臨下蒐集地球氣候變遷與火山活動的資訊。這些地球的防衛隊就像古代中國的長城一樣，構築了不可或缺的防衛體系，是現代的太空城牆，時時刻刻維繫著人類的永續生存與發展。

　　同時，人類在發展太空科技的同時，通常都會帶動基礎科學、資訊科技、材料科學，甚至是醫療科技各方面的進展。比如說建造太空梭時所開發出的隔熱材料，後來也推廣到其他工業領域；哈柏太空望遠鏡的科學家所研發出的光學與資訊技術，也廣為相關產業界所應用；而未來在太空中開發出的新藥物與生物科技的研究成果更可望治療目前的不治之症，造福芸芸眾生。由此足見太空與非太空領域早有相輔相成的互惠關係，而且顯示出太空科技有其重要價值，實則人類生活與太空科技已息息相關，同時也越來越密不可分。

反求諸己

　　國內的太空發展，在克服諸多人事與經費等問題後，也已建立系統性的組織宏模。1991 年 10 月由行政院通過的「國家太空科技發

1997 年 1 月 27 日，中華衛星一號在美國佛羅里達州卡納維爾角升空。（作者提供）

中華衛星一號已順利完成「海洋水色照相」「電離層電漿電動效應測量」及「Ka 頻段通訊實驗」等三項任務。（作者提供）

展長程計畫」是我國第一個為期十五年的太空計畫，由國家太空計畫室執行，從早期「委外製造，你做我學」的進階模式，到今日已能自主設計與製造。目前已建置完成衛星整合測試設施及地面站系統，並執行華衛一號運行任務，以及華衛二、三號與「蕃薯號微微衛星」的研發作業。

1997 年 1 月 27 日發射升空的「中華衛星一號」就是我國首顆自主的低軌道科學衛星，其上裝載的科學儀器六年來為國內外提供不少寶貴研究資料，已順利完成「海洋水色照相」「電離層電漿電動效應測量」及「Ka 頻段通訊實驗」等三項任務。

華衛二號則是我國首顆自主的遙測衛星，能夠針對臺灣全島

進行大面積拍攝與提供低價位的衛星照片，以作為土地利用、農林規畫、環境監控、災害評估與科學研究等用途；另外，衛星上的「高空大氣閃電影像儀」將使國人擅長的「紅色精靈」與「藍色噴流」研究更能獨步全球。華衛二號將於 2004 年 2 月 27 日在美國加州發射升空。

　　華衛三號為「氣象、電離層及氣候之衛星觀測系統」，此系統由六顆微衛星所組成，預定於 2005 年秋天發射。它將可長時間預報全球太空天氣與提供地球重力研究等資訊，由於這是一項中美政府雙邊的合作計畫，將能進一步提昇我國在這方面的國際地位和重要性。

　　另外，幾乎全由國人自行研發的「蕃薯衛星」亦將在今年升空，這種長寬高各約 10 公分、重僅一公斤的微微衛星（10 公斤重以下者稱之），可在 600～650 公里高的軌道上進行為期一個月觀測科學實驗。國人也期望自行設計製造衛星的能力，能從「微微衛星」提升至「微衛星」（重量在 10～100 公斤），這將是第二期太空計畫的主要目標。

　　畢竟，地表上的家國領土至極有限，而太空的疆域則廣垠無限，因此從長遠的角度來說，不論是在物質或在精神方面，我們都可以從浩瀚的宇宙汲取養分，投擲出遠見與腳步。到了太空之後再

回頭看地球，才是人類真正的反省，真正的反求諸己，期盼我國能在太空發展的旅程上繼續向前邁進。

預約新宇宙

　　電影「阿波羅十三號」中，由湯姆漢克斯飾演的指揮官 Jim Lovell 在一次面對他人質疑「為何要耗費龐大經費重覆進行登月計畫？」的問題時回答說：「如果當年在哥倫布之後後繼無人，那何以有今日的新大陸呢？」這位曾經是美國雙子星計畫與阿波羅計畫的太空英雄的確見識卓越！以現在的眼光來說，太空版圖就是人類的新大陸，人類太空探險的精神就是新航海家的精神，特別是當這種精神與人類的生存發生關聯時，顯得更有意義，我們相信人類的太空探險將會一直持續下去，而嚮往太空的憧憬與太空探險的精神也將繼續啟發有夢想、有潛力的下一代。

（2004 年 2 月號）

登陸月球三十五年後的回憶（上）
——人類是否向前邁進了一大步？

◎—丘宏義

前美國 Goddard 太空飛行中心天文及太空科學家

1961 年後出生的「小伙子」可能認為電腦、人造衛星、登陸月球，是天經地義的事。我記得我小時候也把汽車及飛機認為是天經地義的事，可是這些東西創始的時候都花了不少心血及資源。路是人走出來的，前人種樹後人涼，乘這個登陸月球三十五年之際，我把我回憶到的這一段事蹟寫下來。

幾乎所有的文化都一致把月亮看成最美的天體。黑暗降臨之後，她的銀光普照世界。

古時曾有人去問一位阿拉伯的宰相級高官，是太陽有用還是月亮有用，他的回答是月亮，原因是「因為太陽在白天照耀，而白天已有光」。當然，他的天文智識很差，因為太陽幾乎是所有地球上的光之源，包括月光。

可是，在深夜之際，舉頭一望明月，誰不會被感動？再說，月亮有盈虧週期，人們常常拿這點來比喻人生中的崎嶇。而自人類文

登月 35 刊頭

明誕生以來，幾乎所有的文化都用過月亮的盈虧相來作曆法的準繩。而且，月亮是多少古今中外詩人吟詠的題材。從中國的嫦娥到西方羅馬的露娜（Luna），她是象徵柔和及美麗的女神。

可是，月亮的神秘性在 1969 年 7 月 20 日被打破了。那一天，阿姆斯壯和阿爾定兩人乘上阿波羅（太陽神）十一號太空船登陸月球。在登陸之際阿姆斯壯說：「我個人的一小步，卻是全人類歷史性的一大步。」今年是人類登陸月球三十五週年，乘這個三十五週年紀念日的機會把登陸月球的一段經過及我對這「歷史性的一大步」的看法寫下來。

膽大熱情的夢想

登陸月球的計畫始於 1961 年 5 月

25 日。在這一天，美國總統甘迺迪在參眾二議院中作國情咨文，其題目為「國家的急迫需要」，太陽神計畫就是在這項演講中提出的。念法律的甘迺迪當時大膽地拍拍胸脯說，美國人要做的這項計畫是人類有史以來第一次載人去月球的遠行。我至今還記得這演說的範疇和膽大的精神使人目眩而眼花。

發表這項宣言等於說，我們要用還沒有發展的火箭、還沒有構想到的合金、還沒有想出的太空導航系統，和在太空中把兩艘子母船分開及再連接的科技，以及還沒有設計出的太空生命維護系統（life support system）把人送到一個遠在 45 萬公里以外的陌生世界。

這不是預習，也不是送自動化機器人，而要將活生生的人送到月球，還要把他們安全地接回，而且還要在 1960 年代中做到！當聽眾的內心被這個自信心極強的宣告震撼時，美國第一位在軌道上運行的太空人還沒誕生呢！這樣的宣告在當時受到許多嘲諷。有一位很有名的諧星甚至於在他的脫口秀中說這句風涼話：「我不要做第一個去月球的人，我要做第一個從月球回來的人！」

1961 年 5 月 25 日，美國總統甘迺迪在國情咨文中慷慨激昂地提出登月計畫。

所遭遇的瓶頸

可是美國的國防及先進工業立刻起步進行。美國航太總署（NASA）幾乎全力投入這項計畫。登陸月球的太空子母船約十來噸左右。要載送的火箭總重將近百噸，而當時美國的火箭只能把數百磅的負重送到近地太空軌道上去（高度只有數百公里）。然而在強調「沒有不可能做到的事」及「可能的事立即做，不可能的事只需要多點的時間」的美國精神支持下，這項計畫仍舊快馬加鞭地進行。受到美國參、眾二議院的大力支持，美國航太總署預算最高的時代，占美國總預算 3% 強（現在占 1% 弱）。

在當時有許多技術問題急待解決。這計畫中的重要問題可分成四大類：

首先當然是要造出一個夠大的火箭，能把十來噸登陸月球及回程的船加速到每秒 11 公里以上（比槍彈要快十八倍），使其能脫離地球。阿波羅用的是土星型（Saturn）火箭，約三十餘層樓高。土星型火箭的發展分成兩個階段，第一個階段造的是「嬰兒級土星型火箭」（baby Saturn），然後再放大建造到月球用的火箭。我記得當時去參觀的時候，工程師告訴我，嬰兒級土星型火箭傳送燃料的幫浦，需要的動力為三千匹馬力，約等於二十輛汽車的總馬力，而最

1969 年 7 月 16 日上午 9 時 32 分阿波羅
十一號正式升空。

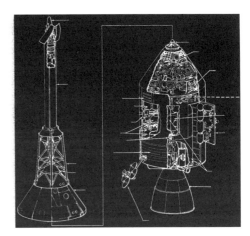

阿波羅十一號指令艙及逃生發射組裝截面圖

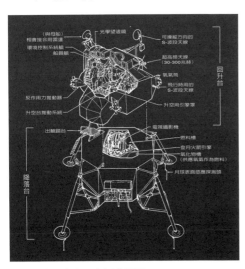

阿波羅十一號登月小艇截面圖

成功返回地球的太空人，左起為阿姆斯壯、
科林斯、及阿爾定

後的火箭需要五萬匹馬力。當時的我聽到這句話，覺得很不可思議。

第二個問題是要造出能登陸月球的太空子母船、能降落月球及回到繞月軌道母船的子船、及研發兩船分離及結合的技術。要離開月球，需要每秒1公里多的速度。可是這艘登陸在月球的子船，要在鑰匙一轉之後，沒有地勤人員的協助之下，就能自動起飛。飛到繞月軌道上和母船結合，再打開母船的引擎飛回地球。其航道要對準地球表面上一百餘哩高空的稀薄大氣層，利用和空氣磨擦把能量消耗後，再用降落傘降落在地球的海面上。

登陸月球時曾發生過一件驚險的事。按照原先的設計，登陸月球小艇在降落月球時是由電腦自動控制，原因是從小艇的艙朝外看，視角有限。然而在快登陸的時候，阿姆斯壯發現電腦要將小艇降落在一個崎嶇不平的隕石坑中，阿姆斯壯臨時奪過控制，才安然地降落在一片平地上。

從 45 萬公里之外的月球回來時，利用大氣剎車是很危險的事，因為需要的導航準確度為 35 英哩（50 公里）左右。換句話說，航道的精確性要比萬分之一還要好。如果不準確，回程的太空船要不是衝入較厚的大氣層而燒毀；就是剎車不足被彈到外太空去，到時太空船沒有足夠的燃料來改變速度，太空人就要死在太空的軌道中

了。

第三個問題是生命維護系統。在這個自盤古開天闢地以來的第一次壯舉中，幾乎可以說每一個問題都代表前無古人的嘗試。可是，製造生命維護系統也許是最困難的一環，因為那時對於人造生命維護系統的了解不多，這可是牽涉到人命的安危！在眾目睽睽之下，不能發生任何意外事件（後來在 1986 年挑戰者號出事後，幾乎整個太空梭計畫都被取消）。

雖然當時已經能成功做到在潛水艇中把人長期地放在封閉系統，可是在那裡呼吸的是淨化過

阿爾定走下登月小艇、踏上月球表面時，阿姆斯壯為他拍攝的照片。

成功返回地球的太空人，左起為阿姆斯壯、科林斯及阿爾定。

的空氣。在這之前，從來沒有人試過，把人放在一個封閉的系統中，呼吸自己帶去的空氣，淨化後再循環。

為了要節省重量，太空人呼吸的是純氧（普通在潛水時，帶的

是混有氦的氧氣）。當時我們對純氧在生理上的機制了解很少。當時試機時用的是一大氣壓的純氧，在這麼高壓的氧氣中，任何東西都很容易起火燃燒。結果在一次載人艙的試機過程中，三位太空人在純氧的大氣中電線走火而被燒死。後來在試機時才改用30%大氣壓力的氧氣。在整個阿波羅計畫中，這是唯一的意外死亡。[1]

第四個問題是整個系統的管理及協調。要在這麼短的時間達到目的，困難的程度可想而知，過程中非要有很好的協調及管理不可。當時太空工程仍在幼稚階段，所有的配件要

---

1. 太空人在噴氣機的訓練中有其他的死亡意外。

一一測試後才組裝，這種做法不可能應用在這麼龐大和急迫的計畫上。因此美國航太總署的一個重要決策是不測試配件，待組裝成單元後才一一測試。從管理的角度看來，這是非常新穎膽大的行為。為了這項決策，美國航太總署在管理方面做了許多的改革。

這些都是登陸月球時所須要克服的技術問題。當然，最後這些問題都解決了，要不然我就不會在這裡寫這一篇文章。現在我們要來看一下，登陸月球後是否如阿姆斯壯所說的——人類向前邁進一大步。

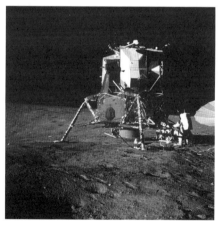

登月成功帶來的省思

當時的媒體，甚至科學家、人文學家以及一般人都認為，從登陸月球的那一天開始，人類就進入一個新疆界。可是在三十五年後的今日看來，這個新疆界到底是甚麼，卻不是很分明。登陸月球當

然是人類最遠的旅行，其成功代表的是人類靠智慧完成了不可能的任務。可是這只代表著人類在科技方面的成功。六〇年代是最動亂的日子。不只是美國，世界各國都面對許多迫切的問題：如中國文化慘遭文革的蹂躪；越南國境戰火連連，美國人正頭痛該如何從越戰的泥沼中退出。

數年前去世的美國名科普作家卡爾・沙根（Carl Sagan，1934～1996）曾語帶諷刺地說，美國在第一次登陸月球時，在月球上放了一片銘了字的板，上面有「我們和平地來到這裡」這些字樣。可是就在放下這片銘字板的時候，美國的 B-52 型重轟炸機卻在東南亞一個小國中投下了七百餘萬噸的黃色炸藥，這可真是個強烈地對比！

當時黑人民權運動才剛得到初步的勝利，美國有識之士最關心的是，如何能解決黑人的民權及貧窮問題。而登陸月球後，發現這個去月球的競賽太昂貴了。在登陸月球計畫最高峰的時候，太空的經費是全國總預算的 3%強，在經濟上是一個大負擔。如果要說是真的進入一個新疆界的話，那麼下一步就應當去火星了。可是當時沒有人敢提出，甚至現在也只敢說說而已。原因很簡單，去火星的費用也許要超過美國的總預算。

雖然沒有正式載人去火星的計畫，可是美國仍然做了去火星的

探險計畫。在 1970 年代初期，美國送了兩艘登陸火星的太空船——維京一號及二號（Viking 1 & 2），於 1976 年降落在火星上。維京號太空船可說是自動操作的機械人（不自動操作不行，因為電波從地球送到火星的時間要半小時）。和送人去的費用相比，也許只有千分之一，然而得到的成果斐然，這兩艘船的成功，使得科學家及其他有關人士開始想，是否有送人去火星的必要？一直到現在，載人去火星的計畫都沒有受到認真的考慮。

太空時代的武器競賽

三十五年後回觀登月，可以斷言動機不是科學，而是政治——是不帶火藥味的武器競賽。太空時代剛開始的時候，前蘇聯搶在美國之先。在 1957 年，蘇聯成功地放了第一枚人造衛星，後來又有好幾次很成功的太空探測，搶先在美國之前，把人放到太空繞地軌道上去。這一連串的成功及搶先，在媒體渲染下，使美國朝野人心惶惶，心理上備受威脅。

那時候航太及軍事綜合發明了一個新名詞——「導彈差距」（missile gap），即美國在導彈技術的發展上要比前蘇聯差。當時，剛從二次大戰恢復過來的前蘇聯，正全面擴充武器軍力，想要征服全世界。在導彈差距的心理作用下，登陸月球變成武器競賽的一部

分。如果登陸月球的目的是為了科學，那麼應當多訓練一些科學家去。可是在一系列登陸月球的探險中，只有一位科學家參與，而且他去了一次以後，登陸月球的計畫就正式地壽終正寢。登陸月球變成了一種變相的武器競賽，看那一個國家的太空的科技最高。

對科學的貢獻

當然，不可否認的是，登陸月球也帶來不少科學上的成就。最重要的就是在月球上作的一系列紀錄，如月震、磁場等，以及從月球帶回來的岩石樣品分析。從這些樣品中，科學家斷定月球是從地球分出去的。大約在地球的洪荒時代，有一枚小行星在地球表面上擦過，把地球撞出一塊，成為月球，而太平洋可能就是被轟擊後的疤痕。

登陸月球以前，科學家認為月球是獨自形成的小行星，被地球的重力場俘獲，成為地球的衛星，因此認為去了月球就可以解決太陽系起源的問題。但是月球既然是地球的一部分，要探索太陽系的起源就要再另尋途徑了。因此從科學的角度來說，登陸月球有不可磨滅的科學貢獻。

附加價值帶動經濟發展

可是登陸月球也帶來了許多附加產品。與民生有關的有：不沾鍋的鐵氟龍（Teflon）塗料、自黏布（Velcro）、橘汁粉（Tang）、可以倒寫的圓珠筆，以及將來也許會很有用的燃料電池等。

阿波羅計畫直接帶動的科技總值至少為這計畫總預算（一百三十億美元）的七倍。可是如果再加上間接帶動的科技發展總值，則在一百倍以上（約一兆美元）。也許可以把這些間接帶動的科技經濟稱為人類邁進的一大步。

美國很快就發現登陸月球沒有軍事價值，可是因為計畫登月時必須發展出的太空科技，後來就帶動了電訊、電腦及網路上的科技，使全球經濟的面目作了全面性的改觀。今日的太空已經不再是武器競賽的競技場，而是經濟上重要的戰場。

雖然通訊已經發展到了光纖的地步，人造衛星仍是最重要的通訊工具之一。而全球定位衛星系統（Global Position System）已為空海航運所必需，連未來的汽車都要用到。即使是光纖也使用許多太空發展出來的技術。通訊和網路在美國及其他先進的國家中已占有很重要的經濟地位，而且網路科技十分倚重衛星科技。

當太空計畫變成商業的一部分，人們對太空的看法也大不相同

了，不再戴著好奇的眼鏡去看它，反而心中想的是，該如何利用它去賺錢？

（本文圖片皆由作者自 NASA 網站取得，NASA 提供）

（2004 年 9 月號）

登陸月球三十五年後的回憶（下）
——人類是否向前邁進了一大步？

◎—丘宏義

表面上求知求真的太空計畫，背後卻蘊含許多政治與利益的糾葛。從登陸月球以降的諸多太空計畫，帶給我們的不僅僅是知識上的躍進，也激發我們對整個人類社會的進步作更深一層的反省。

現代經濟中最重要的是科技。拿電腦的心臟——晶片為例，晶片的重量連用來量鑽石的克拉都嫌太大，連同外面的組裝，其重約為一兩，售價可達五百美元，比一兩的黃金還要貴。可是晶片的主要材料是不值錢的沙子，其他都是智慧。例如美國最大的公司是微軟公司，這是個沒有實體產物的公司（其軟體產物只是媒介，真正的產物是在晶片中流動的電子流）。因此可以說財富是不斷地從智慧中產出的，沒有智慧就沒有財富。

在今日，一個國家的貧富可以說幾乎和資源沒有直接的關係。古代的貨幣都是銅、黃金或銀，其中以黃金為貴。後來改用紙幣，

可是理論上仍舊可以用紙幣向政府兌換黃金。因此所有的國家都需要大量的貯金，以穩定人民對紙幣的信心，這種貨幣的制度稱為金本位。可是這種制度無法適應經濟學上認為不可避免的通貨膨脹。

到 1978 年時，黃金的美國官方訂價仍舊是十八世紀定出的價格——每英兩三十五美元。這種價格，連開礦提煉的成本都不夠。而且，經濟已經發展到流通的貨幣遠超過世界上所有的黃金貯量。因此在 1978 年，美國政府廢除了金本位，以前認為代表財富的金銀，自此以後，都變成工業原料。這就是沒有資源的國家，如日本、韓國，甚至其他地區，如臺灣，可以富有的原因之一。

科技可以改變資源的應用。我記得二、三十年前，美國億萬富豪亨特（Hunt）兄弟在炒銀，使銀價一時暴漲到每英兩二十餘美元。用銀最多的是照相工業。執照相工業牛耳的柯達公司立刻以科技來抗衡：他們大幅減低彩色相片沖洗的價格，以彩色取代黑白相片。雖然彩色底片及相紙仍舊要用到銀，可是在沖洗的過程中可以回收再循環。而美麗的彩色相片主要成分不含銀，反而是不值錢的碳。因此銀價大跌，使得亨特兄弟幾乎為之破產。現在國際的銀價仍然不高，每英兩七美元左右。每兩銀子只能用來吃一餐普通的快餐。

意義深遠的公眾計畫

太空計畫，包括阿波羅計畫，可以說都耗資不少。乍看之下，這個用來發展智慧求知的公眾計畫似乎很浪費。可是從歷史的觀點來看，這些大型公共計畫對國家未來的經濟會有很大的助力及影響。

例如，遠在西元前 46 年，當羅馬的凱撒大帝從埃及凱旋歸來時，第一件作為就是改變部分的羅馬政策。除了把羅馬曆法改成埃及人發明的曆法（又叫做儒略曆，在 1582 年時被格列高里教皇稍加修改，就是現在全球通用的曆法），其他還有許多經濟方面的建樹，第一是減少救濟金，然後是減稅、清除腐敗的機構。其中最大的壯舉乃在大興土木、造廟宇、公共集合場、公路，羅馬帝國的經濟於是開始繁榮起來。這個榮景一直維持了百年以上，奠定了羅馬帝國強大的基礎。

另一個例子是，法國在大革命後經濟蕭條，失業率直線上升，一位將軍發明了一個妙法去解決失業問題。他雇了一批失業者把街道掘起來，再雇另一批去填滿掘起的街道，製造就業機會。1970 年越戰結束後，臺灣的經濟開始蕭條，當時的執政者蔣經國於是推動十大建設。那時批評的人很多，大多是基於短視或政治上的理由。

可是建設之後，臺灣的經濟非但沒有萎縮，反而繼續成長。

太空的工業也是一樣。現在美國人對太空的態度是——這是一種對未來的投資。而且，在過去二、三十年中，美國工業的面目已大幅改觀。重工業如鋼鐵及汽車製造業已不是經濟繁榮的主力，取而代之的是高科技工業，而太空探勘是這些高科技工業中一個很重要的原動力。因此對太空研究的看法也改了，認為這是一個其他國家還無法和美國抗衡的園地。一定要繼續保持美國在這方面領導的地位。

美國航太總署在月球登陸後的最大成就也許是太空梭。可是從實際觀點來看，太空梭可以做到的，價格便宜很多的火箭也幾乎都做得到。太空梭可說是航太總署要維持其龐大的機構而想出的白象計畫（在泰國，以前如果發現了珍貴的白象，是屬於國家的。象主必須負責養這隻白象，不可以讓牠去做工。因此白象被比喻為很成不切實際而要耗資的計畫），這一點是所有航太總署中作決策的人私下承認卻不敢公開的。如果沒有太空梭計畫，航太總署的經費可以少四分之三。可是，政治上的數學和數學家的數學不同。如果把航太總署的經費減了四分之三，其餘數不是四分之一，很可能是零（美國參、眾二議院也不是完全按照理性辦事，多數是按政黨的利益及大公司的利益行事）。太空梭支持了許多高科技的航太工業，

幾乎每一州都有類似的工業。只要航太總署能想出一個可行的計畫，每州都有好處，就有議員去支持。因此可以把這個已經近三十年的太空梭計畫看成耗資的公眾計畫。所有的太空科學可說是以「裙帶關係」附屬在太空梭計畫上。

耗費巨資的太空站

太空梭計畫之後，航太總署為了本身生存因此非要不可的白象計畫是太空站。太空站給有識之士的期望不大，現在的科學家們及工業界對它的期望不大（可是在未來也許會發現太空站有一個沒有想到的用途，這種未預料到的貢獻不是沒發生過）。在建議太空站的時候，曾經詢問過製藥及電子工業界是否有興趣，可是得到的鼓勵不大。

在製藥時，有些過程受了地面重力的影響，也許在太空站中的微重力環境中（約為地面的十萬分之一）可以成功。可是藥廠一看了價格單，就認為不需要這麼昂貴的科技。

而在電子工業中，一度認為在地面很難養而在高速電子器材中要用到的砷化鎵（Gallium Arsenide）晶體可以在太空中近乎零的重力環境中養出來。可是中國的科學家們在傑出女科學家林蘭英的領導之下，已經在人造衛星中試養過，發現不太理想。

科學家中最起勁的是華裔諾貝爾獎物理學家丁肇中博士。他和中國的科學家們設計了一套儀器去量測宇宙線中的反質子。如果真正重力為零，太空站可以做些和相對論有關的實驗，可是其重力不完全為零（真正的零重力人造衛星需要特別設計），而且因為有人住，所以附近的真空也不是太空中的真空；也因為有人居住，也不能放真正精密的儀器如天文望遠鏡等。

　　可以說，除了去模擬星際大戰影集以外，大多數的科學家們對太空站的期望不大。任何可以在太空站中做到的東西，都可以在更小、更便宜的人造衛星中做出來，而且可以做得更好。可是因為太空梭的職業壽命行將結束，在航太總署沒有大的計畫就會解體的大前題下，發展太空站是勢在必行的計畫。

　　國際間有許多人認為太空站浪費金錢，可是在宣揚國力上看來，這是件極好的東西。有誰說美國不行的？只要晚上朝天上看一下，那個亮晶晶而在遊動中的星星是誰家的？就不必再說第二句話了。太空站的唯一用途似乎是在訓練長期住在太空環境中的太空人，而要長期在太空環境中居住的唯一可行去處就是火星。也許這是航太總署發明出的點子，慢慢地把阻礙火星計畫的障礙除掉，將參眾二議院的討論議題引到載人去火星的計畫。也許再過二、三十年，載人去火星的計畫能便宜到付諸實行的地步。

理論上說來，太空站是國際性的，可是只有美國最起勁。俄羅斯參與的原因乃是因為他們已經有了米爾太空站（Mir Space Station），而美國又不斷地送錢，要俄羅斯繼續做下去。反正有人出錢，不妨做下去。其他國家的參預，可以說是捧場性質，並沒有很大的實質意義。

　　即使航太總署幾乎以全力去發展這個如同白象計畫的太空站，在科學及應用上，這機構仍舊發展出令人欽佩的哈柏望遠鏡及許多其它創新的科學成就。最令人欽佩的是兩艘太空船——航海家一、二號，幾乎走遍所有太陽系中的行星。除了在和人類生存有關的實用問題，如溫室效應及臭氧層減損以外，航太總署有好幾個橫跨現在及未來的計畫，包括對地球的觀測、火星探險及在木星附近的干涉望遠鏡。

探索宇宙的哈柏望遠鏡

　　哈柏望遠鏡（Hubble Telescope）於 1990 年進入繞地球軌道，耗資十五億美元。其唯一的目的乃在進行天文研究，終結目的是尋求宇宙的構造、根源與未來發展。經過近乎十年的研究，終於有些驚人的結果。

　　一個研究結果是，宇宙中組成星系（如質子、中子、原子等）

的物質只占整個宇宙的總質能（mass-energy）的 3%左右。其他 27% 是未知的暗物質（dark matter），暗物質是從重力作用中演繹出來的宇宙組成成分，而剩下的部分是一種不知性質、和宇宙常數（cosmological constant）有關的能量，稱為暗能量（dark energy），約占總質能的 70%。

因此，又一次把我們在宇宙中的地位大幅降低——第一次發現是在十五世紀時，哥白尼說地球不在宇宙的中心，太陽才是。第二次是在十六世紀左右，發現連太陽也不在宇宙的中心，每一顆星星都不見得比太陽小。第三次是在二十世紀初，發現連我們的銀河系也不過是宇宙億萬個星系中的一個。第四次，發現太陽也不在銀河系的中心，只是邊緣上一顆微不足道的星星而已。現在又發現，連自身星體的組成也只是宇宙中最微不足道的成分。

我們也得了解地球

為了要瞭解我們地球從生態到氣候的一切，數年前航太總署開始進行一個很大的計畫——Mission to Planet Earth，這名字是美國第一位女太空人莎莉・萊德（Sally Ride）所取的。這是個用多顆人造衛星去觀測及瞭解我們地球生態的計畫，其中很重要的任務是在瞭解氣候。

地球上的氣候不是一直像現在一樣的溫和，我們有幸生在一個氣候最溫和的時代（過去三千年中的氣候是數百萬年的地球史中最溫和的一段時期），如果我們不瞭解氣候，一旦產生任何變化，就會束手無策。雖然我們還不能控制（恐怕永遠也不能）氣候變化，然而氣象衛星已經給全人類每年至少省下由於天災造成總值達數百億美元的損失。除了直接觀測地球之外，航太總署還進行了許多在理論方面的工作，包括人為過度產生二氧化碳所引起的溫室效應等。

火星上有沒有生命？

探索火星是除了氣候以外最大的科學計畫。為什麼我們要給火星特別的青睞呢？天文學家認為火星和地球一樣，約在四十五億年前形成，形成之後不斷受到彗星的轟擊。因為彗星的主要成分之一是水，因此可以說憑空降下不少水，這些水就造成了海洋（這也是地球上有這麼多水的原因）。從照片上看來，火星許多地質特性顯示不少地方以前是海及湖底，和地球上枯乾的海底低處的地質特性相似，因此科學家推測，火星以前的表面和地球一樣，也有廣闊的大海。可是這些海洋似乎都在四十億年前枯乾了，這些水到哪裡去了呢？也許因為火星沒有磁場，太陽風的高能粒子打到地面，把水分解成氫及氧，氫逃到太空去。氧和鐵起化學作用，形成氧化鐵

（這就是為何火星表面呈紅色的原因）。

　　一旦空氣變稀薄後，太陽的紫外線更可以分解水，使更多的水消失。另外也可能因為氣候的關係，把這些水變成雲，下雨落在兩極上。火星的南北極都有隨氣候而可大可小的白極冠，直到最近才發現這些白極冠的組成似乎是冰。有人用觀測的數據來估計，如果這些極冠化成水，可以把整個火星蓋上一層厚達 30 公尺的水。因此，也許大多數火星上的水仍留在火星上，可是都被氣流運到兩極凍結成極冠了。

　　從這些證據，天文學家和地質學家認為，火星的地下一定有很厚的永凍層（permafrost）──即像寒帶地下永凍成冰的地層，甚至還可能有地下湖。還有，生物學家認為只要環境配合，經過數千年的時間，就會演化出簡單的生物。而火星上有很長的一段時間（約五億年）有過海洋。是否在地下湖中還會留下一些古化的生物？是否有化石？這些都是我們很想得到解答的問題。這也是為什麼工業大國（包括日本）要一齊合作去探險火星的原因。

　　現在已經逐漸把小型太空船降落在火星表面，不斷做瞭解火星的探測。之後的計畫之一是送去會鑽地的太空船，可以鑽地到六公尺深，取樣品來測試。再下一步就是製造要能自己回到地球的機械人船，這計畫已經定到 2020 年，或者是更久之後。

一個許多人關心的問題是，能不能去火星住。當然火星的溫度不會像地球這樣地溫暖可人，可是還不是很差的。他們的炎夏類似美國東北新英格蘭地區（及中國東北）的 10 月份氣候。冬季則如阿拉斯加的嚴冬。雖冷，可是還可以讓生物生存。可是要載人去火星探險，不像去月球這麼簡單，畢竟去月球只要十來天的時間。去火星，最節省燃料的方法是用地球及火星交接的軌道，單程最快要兩百多天，勢必要在太空船中設農場（這些時日中每人所需要的氧氣、食物與水的總重量約為 23 噸），把排泄出的廢料再循環為食物。這就不是一件很簡單的問題了，例如，要保證完全沒有植物病蟲害。到目前為止，在這一方面做的工作都是低姿態的。當下最緊要的問題是先徹底瞭解火星過去的歷史及現在的種種特性。

製造干涉儀望遠鏡

　　這些太空計畫中，我認為野心最大的莫過於製造太空中的紅外線及光波干涉儀望遠鏡。先說一下干涉儀，高中學生在光學實驗中也做光的干涉實驗，目的乃在證明光是一種波。可是在 1960 年代，數據整理的技術發達後，發現可以把兩臺相距很遠的電波望遠鏡的訊號按光波干涉的原理合併起來增進解像力（resolving power）。如果這兩臺望遠鏡相距為 10 公里，就等於造了一臺直徑為 10 公里的望

遠鏡。目前已經成功地把兩臺或更多臺的電波望遠鏡以這種干涉原理從地球的兩端連線，相當於一臺口徑為 6000 公里的電波望遠鏡。

現在歐洲和美國的航太總署合作計畫中，要把電波干涉原理的望遠鏡延展到光波及紅外線去。為了要避免受太陽系中宇宙塵散射光干擾，計畫把製成的干涉儀放在木星的軌道附近，干涉儀望遠鏡的距離可能大到數百至數千公里，將可以看到繞其他星球的行星的表面，清晰程度有如我們在地面上以高倍望遠鏡看月球。用紅外線的另一個目的乃是去避免來自主星的強力光（這些行星的太陽）的干擾。主星光度和行星光度的差距和地球上太陽光度和行星光度的差距近似。

為什麼要做這類的干涉儀呢？最近天文學家持續發現許多鄰近的星球都有行星。用的原理是，這些行星繞它們的主星（它們的太陽）旋轉時，可以使這主星搖擺。從這些微小的搖擺運動，可以推測出行星的存在。可是這種的觀測方法只能找到大小為木星級的行星（木星的質量要比地球的大三百一十八倍左右，組成大都是氣體，不能維持我們已知的生命）。因為星球本身發出的光強度，使得我們無法直接看到這些行星。紅外線能大輻減少星光的干繞，直接看到行星的表面。因此這干涉儀的主要目的乃是去尋找這些行星，尤其是類似地球的行星，探測這些行星上是否可能有生命，去

解決生命之謎——我們是不是宇宙中唯一的生命。這是自人類有文化以來，哲學家、神學家、科學家，甚至於普通人都曾經思索過的問題，若發現答案，將永遠地改變人類對自己及宇宙的看法。

後　記

　　現在美國每年花在太空上的錢比起六○年代來說，在比例上相對減少很多，還不到總預算的 1%。可是美國有識之士堅決不肯放棄太空方面的研究。白象計畫如太空站也罷，如科幻小說情節般搜尋外太空生命也罷，又玄又虛的尋求宇宙根源的計畫也罷，其最大的最終受益人還是人民。因為這些都是益智的公眾計畫，而智慧就是現代及未來科技經濟最重要的原動力。

　　因此，可以說，太空是未來科技的搖籃。在這方面，美國一開始就居於執牛耳的地位。一旦放棄了，美國在科技上的優越地位就會很快消失。因此可以下這麼一個結論：阿姆斯壯所說，人類向前邁進的這一大步，指的也許不是太空發展，而是全球經濟，尤其是美國經濟發展上的一大步。

（本文圖片皆由作者自 NASA 網站取得，NASA 提供）

（2004 年 10 月號）

中華衛星一號誕生史

◎——吳松春

係《科技報導》主編

全球在高科技產業激烈競爭下,各國均在積極尋求維持技術上的優勢,以確保在二十一世紀的產業競爭力。而投入太空科技,決策者認為是提升臺灣科技能力的門徑,中華衛星計畫於是被提出來。

歷經七年多的波折,由國人完全擁有自主權的「中華衛星一號」,終於在 1998 年 12 月 8 日國科會主任委員黃鎮臺的祝福下,搭乘華航專機飛往美國東部佛羅里達州卡那維爾角(Cape Canaveral),蓄勢待命,準備在臺北時間 1999 年元月 27 日上午 8 時 34 分發射升空,「嫁」到地球外太空。這一時刻的到來,不僅是臺灣邁向航太工業的重要一大步,也象徵著我國一連串的衛星計畫,逐漸走出過去爭議不斷的風雨歲月。(圖一)

太空科技的發展,是一個國家整體科技實力的表現,在國際間向來更被視為該國科學、經濟、工業,甚至國防的具體水準。中華衛星一號,從 1991 年 10 月行政院核定十五年的長程太空計畫以來,

歷經了「該不該生？」，誕生後「培養她成為？」，一直到「有女初長成」，如今，終於成熟「遠嫁」地球外。這一路走來，可說是跌跌撞撞，其艱澀成長（見表一）歷經了三位行政院長（李煥、郝柏村、連

圖一：象徵我國衛星計劃啟步的中華衛星一號

戰）、三位國科會主委（夏漢民、郭南宏、劉兆玄）、二位太空計畫室主任（胡錦標、戴廣勳）婆婆、媽媽、褓姆們的捏拔。中華衛星一號不但在最初規畫時爭執聲浪大，七年來的政策引導，也隨著國科會主委更迭而有不同版本；在落實於執行方面，則更因太空計畫室的派系軋爭而紛爭未斷。

李總統指示太空科技

　　十年前的太空，一直是少數科技大國從事探險及建立國防能力的疆域，近十幾年來則由於世界各先進國家積極的投入太空科技研究發展，太空似乎已變成了人類的另一個公共場所，也因此目前太空科技在國際間已具備了產業規模。

　　同時由於美國政府全力投入高軌道太空發展，而將低軌道衛星

表一：我國發展衛星計劃歷年大事紀

時間	事紀
1988 年 9 月	李登輝總統指示研究國內發展衛星可行性
1988 年 10 月	行政院科技顧問組成立「人造衛星應用及發展研究小組」
1989 年 5 月	趙繼昌建議政府以五年一百億元，自行發射低軌道衛星
1989 年 9 月	李煥宣布：科學用衛星已成為正式政策。政府將於五年內投資一百億，在 1994 年 7 月前發射第一枚衛星
1989 年 11 月	「科學月刊社」聯署三百一十位科學家，質疑人造衛星計畫是黑箱作業
1989 年 12 月	月國科會宣布：斥資二十億元在北中南設研究中心
1990 年 5 月	立法院通過第一年計畫十五億元預算
1990 年 9 月	美國反對臺灣發展衛星發射系統
1990 年 10 月	郝柏村指示重新規畫中長程衛星計畫
1991 年 10 月	行政院核定十五年一百三十六億中長程太空計畫，並成立「國家太空計畫室籌備處」
1991 年 12 月	戴廣勳擔任太空計畫室主任
1993 年 2 月	郭南宏宣布二、三號衛星為通訊衛星、資源衛星
1994 年 5 月	徐佳銘接任國家太空計畫室主任
1996 年 11 月	劉兆玄組成評估小組，檢討衛星中長程計畫。此外，宣布十五年太空計畫改為一系列小型衛星，原先規畫的通訊、資源衛星取消。
1997 年 5 月	中華衛星一號本體運回臺灣整測
1998 年 7 月	中華衛星一號經公開徵求名字，稱為「福爾摩沙一號」
1998 年 10 月	中華衛星一號打包裝箱，準備赴美發射
1998 年 12 月	中華衛星一號搭乘專機赴美
1999 年 1 月	中華衛星一號在美國佛州發射升空

移給民間公司發展，更激發某些國家在低軌道衛星工業上的興趣。加之全球在高科技產業激烈競爭下，世界各國均在積極尋求維持技

術上的優勢，以確保在二十一世紀的產業競爭力。而投入太空科技，正是保障技術能力不斷維持領先的門徑，更何況航太科技產業的應用，對國防科技有一定程度的提升。

比起歐美日等科技大國，我國發展太空科技的起步，是遲於1988年才突然開始動作積極的。之前，雖然1970年10月曾有第一屆立法委員（胡秋原）建議行政院發展人造衛星，但無人理會；至1978年至1988年期間的三次全國科技會議及十次全國科技顧問會議，也不見科技專家們的提及。1988年蔣經國總統逝世後，臺灣的政治、經濟、社會結構逐漸崩解而混亂失序。繼任的李登輝總統希望藉由人造衛星的大型計畫，一如1988年漢城奧運，來提振民心志氣，改善臺灣形象。

1988年9月，經濟部奉總統指示，進行「我國發展人造衛星體系之可行性分析」。同年10月，行政院科技顧問組成立「人造衛星應用及發展研究小組」，從事可行性研究，小組委員共九人，由當時成功大學航空暨太空研究所所長趙繼昌擔任小組召集人。次年元月，經濟部的評估報告出爐（不對外公布），它指出「自行發射及自製衛星」的效益不夠明確，因此建議採取「擴大需求，建立基礎」的「漸進發展」策略，推動我國的衛星及太空計畫。

稍後在5月公布的行政院科技顧問組版本（草案），則與經濟部

的評估報告差別很大。根據趙繼昌在 1989 年 5 月的第十一屆行政院科技顧問會議上報告，他建議政府在五年內投資約新臺幣七十至一百億元，自行發射一枚科學用人造衛星。

　　趙繼昌的結論，遭受多位小組委員強烈抗議該報告（草案）未經小組討論通過，就對外發表。在經過一個月多次的協商，小組達成共識，列出現階段發展衛星計畫的有利及不利因素各三項。

（一）有利因素：

　　1.衛星科技涵蓋層面廣泛，可作為國家科技整合發展之目標。
　　2.提升科技水準，協助推動工業轉型，確保長期競爭能力。
　　3.提升國家形象。

（二）不利因素：

　　1.經濟效益不明顯。
　　2.目前國內科技層次，在發展衛星重要元件時，能力仍有限。
　　3.若小規模發展不易達成實用性，全面發展衛星計畫，投資相當鉅大，可能造成研究發展經濟及科技人力分配不均衡之問題。

　　事實上，「人造衛星應用及發展研究小組」的正負因素報告，

正好預言了往後學界對人造衛星大辯論的主軸。

五年期的人造衛星計畫

1989 年 7 月 3 日，國科會主任委員夏漢民在中國國民黨總理紀念月會中表示，國科會計畫以新臺幣七十億到一百億元，在三至五年內研製我國第一枚人造衛星，該計畫書並已呈行政院核定中。這項消息經媒體報導，科技界另一股反對聲浪立刻形成。

當時行政院長李煥於同年 8 月 29 日巡視國科會時，指示進行科學用人造衛星計畫；稍後，9 月 19 日更在立法院宣布，科學用人造衛星計畫已成為我國正式的科技政策。政府將於五年內投資臺幣一百億元，在 83 年 7 月前發射一枚兩百磅的科學用人造衛星。此五年計畫目的在於建立衛星發射系統及衛星的相關設備。政府將籌設一國家太空實驗室，由國科會主其事。所需人力及技術，部分將來自國防部及大學，部分將來自國外技術移轉。

在沒有進一步公開討論下，從趙繼昌的可行性報告到李煥的政策宣布，稍後立刻引起學界專家的正反大辯論。支持科學用人造衛星計畫的科學家，除了國科會的技術官僚外，主要是以成功大學航太研究所及臺灣大學應用力學研究所的成員為核心。而以「科學月刊社」成員為核心的「非航太」科學家，則採取聯署公開信的方

式，表達對此計畫決策過程「黑箱作業」的抗議。

1989 年 9 月，美國柏克萊加州大學教授李遠哲，寫了一篇「有關光電科技發展與臺灣基礎科學的幾點建議」，他擔憂在科技經費有限的情況下，人造衛星計畫的龐大經費，將會影響優先的基礎研究預算。李遠哲向國科會光電小組提到：

雖然目前臺灣的經濟勢力十分雄厚，但在科研的發展看來還算是較小的環境。我們從物力、財力、人力看，都需要做些取捨，比如說前一陣子我們提倡同步輻射的建造與從事原子分子科學的研究，而不主張高能物理的研究，便是個例子。如果今天我們必須在發展太空科學與光電科學上做個取捨，毫無疑問的，我會全力支持光電科技的研究與發展。走向下一個世紀我們會面對看見一個現實：即使國家之間的相互依賴增加了，一個社會的人民幸福將會建立在這個社會的生產力，保護我們將來，恐怕不是飛機與火箭，而是高度發達的社會的生產力。

學界正反大辯論

面對部分學界的強烈質議，國科會主委夏漢民於 1989 年 10 月 26 日宣布，行政院已批准科學用人造衛星計畫，國科會並將於 1990 年 2 月完成該計畫的細部規畫。反對的科學家隨後以三百一十位科學家

聯署的公開信，緊急向國科會呼籲「暫緩」，他們的訴求共有三點：

一、這一預算高達百億的計畫，決策過程過於草率。

二、科技發展必須有全盤的考量，而人造衛星計畫必須放在此一架構中考量才有意義。此外希望知道科學用人造衛星的具體用途。

三、國家資源有限，各計畫必須經過審慎的評估，以訂定其優先順序。

這群表示反對意見的科學家們，由於成員幾乎無人號稱為太空專家，因此他們的聲音並未獲得官方的重視。而表示支持的學者專，卻因多任教或任職於成功大學航太所、國防部中山科學院，其太空專業意見自然而然較易獲得信賴。

同年 12 月，國科會舉辦了多場以關心基礎研究為名的座談會，同時更宣佈將在科學用人造衛星計畫中，斥資臺幣二十億元，在臺灣北、中、南各一大學設立研究中心。

1990 年 4 月，持反對立場的科學社群，再度以七百六十七位簽名實力，抗議國科會主委夏漢民對他們的漠視，並公開第三封聯署信，訴求三項重點：

一、衛星計畫必須先經過客觀嚴格的評估。

二、百億衛星只是冰山一角，太空計畫必須全盤考慮。

三、衛星計畫發射系統對國家安全的影響必須深入探討。

對於反對陣營的簽名實力，支持人造衛星的科學家也不干示弱，立刻以成功大學航太所所長邱輝煌為首，展現九百八十三位聯署的「讓我們以積極理性的態度來看人造衛星計畫」公開信，同時也反擊以三項訴求：

一、太空科技是未來科技的主流，早是不爭的事實。

二、人造衛星計畫的決策應由專家決定。

三、人造衛星計畫有助於高科技領域的基礎紮根工作。

正反兩方的論述，除了在簽名總人數的輸贏之外，立法院預算委員會的通過，才算是正式開啟了人造衛星政策的運作。1990 年 5 月 31 日深夜，立法院在黨政協商喊價下，象徵性地刪除第一年十五億預算中的兩億元，而在五分鐘內通過了國科會的人造衛星計畫第一年預算。國會這個決定，無疑地使得我國的太空科技，邁向了實踐的第一步。

美國反對我國研發衛星發射系統

在科學用人造衛星計畫大辯論過程中，美國政府的立場顯然扮演舉足輕重的立場，尤其我國沒有人造衛星基礎的初期計畫，是必

須完全仰賴於美國的技術轉移。

　　起初，人造衛星計畫的原始構想，科學用人造衛星計畫將有助於國防，特別是中科院中程飛彈技術的改進，因此國防部自始即參與這項衛星計畫，尤其是其中的人造衛星發射系統部分。

　　不過，這一廂情願的想法，美國白宮在 1990 年 9 月表達嚴重關切。美國不僅反對臺灣擁有發射系統，並且也反對其他國家轉移相關技術給臺灣（圖二）。經美國一介入之後，國科會極力撇清：臺灣的人造衛星計畫與飛彈技術無關，純粹是做科學研究用途的，國防部的角色也立刻「絕不參與」。

　　原任國防部長郝柏村，於 1990 年 6 月接任行政院長，他對於人造衛星的科學研究、經濟效益、國防科技的政策導向，卻有著全然不同於前任李煥的考量。

　　為了避免破壞臺灣和美國之間的軍事關係，郝柏村在同

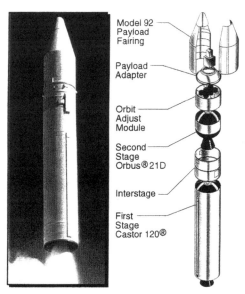

圖二：美國反對台灣發展衛星發射系統，未來中華衛星系列則必須委外發射。（國科會提供）

年 10 月間指示國科會，重新規畫中長程計畫，放棄原先包括衛星發射系統研發在內的五年計畫。至此，我國的人造衛星計畫不再「奢想」國防應用，純粹落實於人造衛星的科學研究（實驗）和促進航太工業發展。

低軌道 V.S.同步軌道之政策轉彎

　　自從人造衛星計畫暫緩自行發展發射系統，改以衛星本體及其應用技術之研究為主，我國日後人造衛星中長程計畫也就定位於低軌道科學衛星和同步軌道通訊衛星之間。1991 年 10 月，行政院核定國科會提出的十五年長程太空計畫，預計以臺幣一百三十六億元在十五年內，發展兩枚（後改為三枚）低軌道衛星（委託他國發射），並培養三百多名太空人才（圖三）。同年12月，選定前美國 TRW 公司副總經理戴廣勳擔任國家太空計畫室主任。

　　雖然我國的人造衛星著重於科學用途及其衍生出的太空產業

圖三：1991 年 10 月成立「國家太空計畫室籌備處」，座落於新竹科學園區內。（國科會提供）

技術，但是衛星的基礎科學研究與衍生應用之間的比重，卻隨著日後國科會主委的人事異動而改弦易轍。1993 年 2 月，國科會新主委郭南宏，強調應用衛星，因此一方面減低第一顆衛星的基礎科學研究比重，簡化科學任務及軌道之設計與運轉；另一方面，把第二、三顆衛星的發展方向改為高軌道（同步）通訊衛星、資源衛星。同時，為了著重經濟效益，特別是衛星本體之元件自製，經審慎篩選有市場潛力及開發價值之衛星元件六項，邀請國內廠商參與開發。

　　1994 年 4 月，太空計畫室與美國 TRW 公司簽約，委託其研發製造中華衛星一號本體。不過，太空計畫室主任戴廣勳因雙重國籍問題遭立法院強烈質疑忠誠度，郭南宏稍後宣布撤換主任，由徐佳銘自 1994 年 5 月接任至今。此外，中華衛星一號的發射日期，國科會在同年 12 月改訂 1998 年 4 月間升空，二號擬於 2000 年發射，三號則於 2003 年完成升空。

　　除了太空計畫室內部人事傾軋和異動，衛星二號、三號的政策方向，隨 1996 年 6 月國科會新主委劉兆玄的到職，又作了檢討與修正。

　　劉兆玄聘請了十二位海內外華裔專家組成太空計畫評估小組，進行體檢。同年 11 月，小組報告指出，我國太空計畫發展最嚴重的問題，在於太空計畫室沒有紀律，不成團隊。稍後，劉兆玄並根據

小組建議，宣布將十五年的太空計畫轉向為一系列小型衛星發展，原先同步軌道的大型二號通訊衛星、三號資源衛星，因技術落差很大，不易銜接一號小型衛星的累積技術，且屆時可能又要從國外引進技術或可以說和中華衛星一號一樣自製率很低，無法累積國人衛星發展經驗，因此劉兆玄更改為多枚低軌道小型衛星。

從發展三枚不同屬性的人造衛星到發展一系列小型衛星，與其說是太空科技政策因人而異的大轉彎，倒不如說是如何落實太空技術的累積。太空計畫室主任徐佳銘在政策決定之後進一步闡述，未來發展的一系列小型衛星，將於每發展一枚衛星時，增加一至三件國產關鍵元件的研發生產；換言之，如果六枚小型衛星完成後，預計即可研發生產十至二十件國產關鍵元件，這對我國進軍太空工業的國際市場，有著立即且顯著的經濟效益。

實際上，發展我國衛星關鍵性元件是建立太空產業基礎的有效策略之一，國產元件即是在此構想之下衍生而出。例如，參與中華衛星一號的國內廠商，藉由衛星本體製商廠（美國 TRW 公司）的技術轉移，1997 年 1 月起陸續在美國 TRW 驗收下，獲頒「衛星元件製造程序與品質認證」證書。因此中華衛星一號的其中五項元件（表二），將隨著發射升空後，向世界宣布臺灣產業已邁入具製作「太空級」元件能力的新紀元，未來並將逐步進軍國際龐大衛星市場。

表二：中華衛星一號其中五項元件由國內廠商承製並通過驗證。

元件名稱	功能	國內承製廠商
衛星電腦	操控衛星之運作	宏碁科技公司
遠端介面組件	傳送衛星電腦之資料與指令至通訊	系通科技公司
實驗酬載		
濾波器／雙工器	衛星微波訊號之隔離及濾波	勝利工業公司
衛星天線	接受或傳送S頻段之微波訊號	勝利工業公司
太陽能電池板組合	衛星電源之來源	士林電機公司

華衛一號發射一小步，臺灣太空科技一大步

　　預定1月27日發射升空的中華衛星一號，其實意味著我國向太空科技成功踏出一大步；而接下來的二號、三號等一系列衛星（圖四），才是太空科技實力的鍛鍊開始。國科會主委黃鎮臺在描繪未來太空藍圖時指出，規畫中的中華衛星二號任務為科學觀測及遙測農林資源等，三號衛星則是一顆大氣觀測衛星，共要發射八至十二枚微衛星，然後再利用美國二十四顆全球定位衛星（GPS）定位；定位訊號在大氣中發生折射，藉此推算出大氣中的溫度、濕度等狀況，作為氣象預報的根據。這項技術將是全球最先進的衛星技術，目前已有美國國家航太暨太空總署（NASA）噴射推進實驗室（JPL）表示高度興趣。黃鎮台表示，臺灣發展衛星從無到一號，再

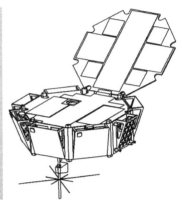

圖四：計畫中的中華衛星二、三號，將逐步建立臺灣的太空產業實力。

到未來二、三號衛星，這些成就值得國人引以為傲。

　　總之，就全球發展的趨勢而言，太空科技多是開發中國家邁向已開發國家之林的常經之路。我國的太空科技發展雖然起步僅有七年餘，其間又經過多次修正「由上而下」的太空政策，而臻於務實方向上。但是藉由人造衛星計畫的訂定與執行，政府從中學會了大型科技計畫必須充分規畫和討論，學界從中加重了諮詢角色，而社會大眾更是從中明白科技的發展，是無法一蹴可成的，唯有認清能力，務實每一腳步，才能健全我國的科技實力。

（1999 年 1 月號）

參考資料

1. 行政院科技顧問組，〈中華民國人造衛星應用與發展可行性研究報告〉，民國 78 年 6 月。
2. 國科會，《科學發展月刊》，第 17 卷 11 期，1989 年 11 月。
3. 李遠哲，〈有關光電科技發展的幾點建議與臺灣基礎科學〉，《科技報導》，94 期，1989 年 10 月號。
4. 林崇熙，〈臺灣科學用人造衛星計畫早期大辯論〉，《科技報導》，98 期，1993 年 9 月號。
5. 〈國科會太空計畫室新聞稿〉，1996 年 1 月～87 年 12 月。

淺談人造衛星

◎—丁立華

任職於國科會太空計畫室中華衛星一號本體計畫主持人

人造衛星有各種不同形狀和大小，依任務需求而設計。
這些人造衛星的種類與原理是什麼？本文將做淺顯介紹。

前言

自 1957 年蘇聯發射了第一顆人造衛星史波尼克號（Sputnik），人類由飛行世紀進入了太空時代。從那時開始，太空科技便一直領導著人類其他科技領域向前邁進。

一般而言，太空科技中的三大主角是：人造衛星（或探測器）、火箭（包括太空梭）、地面站三個系統；而這三個系統有時又統稱為「衛星系統」。火箭與衛星都算是交通工具。火箭將衛星送上太空軌道，並給予環繞地球所需之初速度；而衛星則裝載著科學儀器、照相機或通訊用途之「酬載」（Payload）繞地執行其科學或應用之任務；通常火箭的酬載是衛星，而衛星的酬載則是執行任

務之儀器。地面站是追蹤、遙控及接收訊息的雷達站，主要包括一個能轉動追蹤的大天線及收發無線電訊之設備。本文將以衛星為重點，從結構功能及設計觀念將衛星做個淺顯的介紹。

何謂「人造衛星」？

在天文學中繞著「恆星」（如太陽）運轉的星球稱為「行星」（如水星、金星、地球、火星等），而繞著行星運轉的星球稱為「衛星」（如月亮、木衛一）；因此，由人類所設計製造，靠火箭送入太空中繞著地球或其他行星運行的飛行器我們便稱之為「人造衛星」（Artificial Satellite），或簡稱「衛星」（Satellite）；太空梭、太空站事實上也算是人造衛星的一種。通常又將遠離地球去探測太陽系中其他行星、衛星或太陽本身之航行器稱為探測器（Probe）或行星探測器；有時亦稱之為太空船。

從許多媒體中我們知道人造衛星有各種不同形狀和大小，事實上人造衛星的形狀和大小與它所要完成的任務有關，也與它的設計者的設計原則和習慣有關。大體上，「人造衛星」的組成包括（可參考中華衛星一號結構）：

1. 三角柱、立方體、六角柱體、八角柱體及圓柱體等形狀的主結構體；主要是用合金、複合材料所製造的蜂巢板、角材、

板件等；

2. 一片、兩片或數片如翅膀般的太陽能電能板；通常為蜂巢板
　　結構貼上太陽能電池；

3. 碟形、錐形、片狀或螺旋形各式各樣的天線；

4. 圓球形、膽形、或圓柱形的燃料桶；有不鏽鋼、鈦合金和複
　　合材料等；

5. 以及各種探測器、照相機、通訊組件等。

　　由於太空中幾乎無空氣阻力，人造衛星無須像飛機一樣做流線
型設計。其外型主要的考慮為：在太陽電能板、天線及突出之探測
器收摺後，能夠放入火箭的整流罩（火箭最上端一節）中。

人造衛星的載具──火箭

　　在談人造衛星之原理前，我們先來談談太空科技的另一位主
角：火箭。中國人發明黑火藥後，最先可能僅用於祭典，於十三世
紀時以火箭炮退蒙古兵；印度人在十八世紀末也利用火箭炮將英兵
打得潰不成軍；德國人在二次大戰時發展出燃燒乙醇和液態氧的液
態燃料火箭 V2（飛彈），可做約 200 英里的長程飛行，雖未達到太
大的殺傷力，但造成世人心理上的巨大震撼。而大戰後，美、蘇、
英、法等國相繼投入大量人力、財力發展火箭及飛彈，並發展出多

節火箭，使火箭技術又進入了新的領域，最後終於將人造衛星送入太空。

液態火箭的發展是一個太空科技的重大突破，因為固態火箭點火後便一直燃燒到燃料用盡為止，而小型液態火箭則可以做開關之控制，也就是推力可控制。因此，小型的液態火箭常用於衛星上作為姿態（衛星的方位、方向）控制，以及調整軌道、轉換軌道等用途。

人造衛星運行之原理

衛星之所以不需動力便能夠在太空軌道運行極長的時間，乃因牛頓第一運動定律；動者恆動、靜者恆靜而來。當火箭給予人造衛星「初速度」後，人造衛星便在無空氣阻力的太空環境中向前飛行，只不過此時之地心引力有將人造衛星向地球拉回之趨勢，只要掉向地球之曲度不至於衝入大氣，人造衛星便以圓形或橢圓形之軌道繞地球運行；若速度更大，則可以脫離地心引力。在此以下圖解釋其原理（圖一）：

如圖一所示，若衛星的初速度不夠，便會被地心引力拉回，墜落地球，如三條實線；若初速度造成的「離心力」正好與地心引力相等，便能夠以圓形軌道運行，如虛線所示。倘若初速度造成的

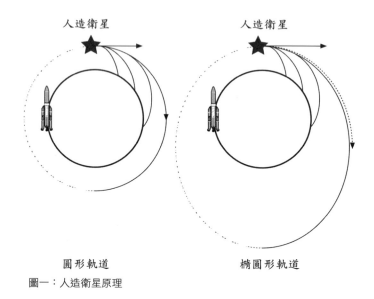

圖一：人造衛星原理

「離心力」大於地心引力，便會以橢圓軌道運行，如右圖虛線所示；甚至脫離地心引力。

人造衛星的種類及任務

「人造衛星」的種類和功用大致如下：

1.科學衛星：送入太空軌道進行大氣物理、天文物理、地球物理等實驗或測試之衛星；如哈伯天文觀測衛星、中華衛星一號等。

2.通訊衛星（通信衛星）：送入太空軌道做為電訊中繼站或做播放電訊之衛星；如亞衛一號、中新衛星等。

3.地球資源衛星：攝取地球表面或深層組成之圖像，以做為探勘地球礦產之用的衛星。

4.軍事衛星：送入太空軌道做為軍事照相、偵察之用的衛星。

5.氣象衛星：攝取雲層圖和有關氣象資料的衛星。

6.行星探測器：可航行至其他行星進行探測照相之「人造衛星」，一般稱之為探測器或太空船；如先鋒號、火星號等。

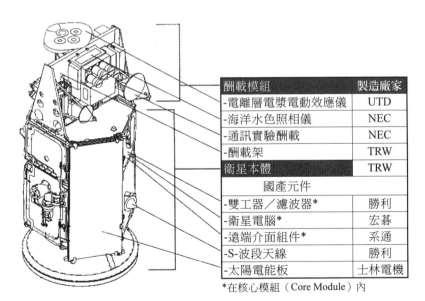

酬載模組	製造廠家
-電離層電漿電動效應儀	UTD
-海洋水色照相儀	NEC
-通訊實驗酬載	NEC
-酬載架	TRW
衛星本體	TRW
國產元件	
-雙工器／濾波器*	勝利
-衛星電腦*	宏碁
-遠端介面組件*	系通
-S-波段天線	勝利
-太陽電能板	士林電機

*在核心模組（Core Module）內

圖二：中華衛星一號本體（ROCSAT-1）

人造衛星之構造

　　衛星大致上分為「酬載」（Payload）與執行任務之「本體」（Spacecraft Bus）兩大部分；酬載為執行科學或應用任務之儀器的總稱，而本體則是衛星的主體部分。不同種類的衛星其酬載儀器的功能不同，而本體部分則是大致具有類似的功能；例如貨車與客車所載運的物品（酬載）很不同，但基本上它們的主體（本體）部分都有引擎、傳動系統、懸吊系統、車輪、方向盤等機電部分（圖二）。

　　通常可將衛星本體部分分為七個次系統，設計和分析時必須考慮到每一個次系統，以及次系統與次系統間的介面問題。這七個次系統分別為：

1. 機械結構次系統（Structure & Mechanisms Subsystem）：主要包括衛星本體之骨幹，板面（多半為蜂巢板）和各種形式之支撐體，以及釋放、展開（太陽電能板、天線）等機構。

2. 姿態控制次系統（Attitude Determination & Control Subsystem）：主要包括感測及控制衛星姿態和方位之機電組件。如地平線感測儀（Horizon Sensor）、星光感測儀（Star Tracker）、陀螺儀（Gyro）、制動輪（Reaction Wheel）、動量輪（Momentum Wheel）。感測器多半利用紅外線感測及光電效

應等原理；而轉動元件控制衛星姿態，都是利用動量不滅原理而運作。

3. 熱傳控制次系統（Thermal Control Subsystem）：主要用來調節和控制衛星電池、電子組件、燃料筒、推進次系統管路、酬載儀器之溫度；例如電熱調節器（Thermister）、散熱板（Radiator）、電熱片（Heater)、導熱管（Heat Pipe）。

4. 遙控遙傳次系統（Telemetry. Telecommand & Communication Subsystem）：主要包括處理由地面控制臺所發遙測遙控命令之電子組件。

5. 通訊次系統（Communic-ation & Data Handling Subsystem）：主要包括接收地面傳送至衛星上電訊之設備，資料處理組件，包括天線、雙工器（Diplexer）、率波器、衛星電腦、記憶體等電子組件。

6. 電力次系統（Electrical Power Subsystem）：主要包括衛星上供給電源之組件，例如太陽能板和電池。

7. 推進次系統(Propulsion Subsystem/Reaction Control Subsystem)：主要包括使衛星做軌道轉換修正或姿態方位修正噴射推進組件，例如火箭噴嘴（Thruster）、燃料筒及控制閥等。

軟體雖然控制或包涵於每一次系統，有時也自成一個「軟體次

系統」（Software Subsystem）。

人造衛星之設計製造過程

設計製造一顆衛星時要先確定其目的和任務，再根據此任務來確定系統需求，再進一步地依照系統需求來設計、製造、組裝一顆或數顆衛星。其流程大致如下列表述：

任務定義→系統需求→規格→設計分析→組件製造→整合及測試→發射→地面站遙控與通訊→任務操作

衛星的製造、整合及測試大致分為三種層次：元件階段、次系統階段、衛星系統階段。在設計分析後便要採購或製造元件，並要求廠家對元件進行測試；對某些次系統可將元件組裝成次系統並進行測試；最後再將所有元件和已完成之次系統組裝成衛星，並對整科衛星進行衛星系統測試。測試又可分為環境測試、功能測試及性能測試等，其主要目的是希望驗證衛星是否和規格，並在地面上時便找出問題並加以解決，使其上了太空後能正常運作。因為衛星一入太空便很難再去接觸到它，太空梭是例外，但費用極鉅，一般廠家和機構都無法對衛星進行修護；這與一般汽車，壞了就進廠維修是不同的。

製造、整合及測試完後的衛星要送到發射場，由火箭（發射載

具）運送到太空軌道，開始繞地球或其他行星軌道運行，並將太陽電能板和其他如天線、感測器等展開；衛星在正確的軌道中正常運行後，便進入執行任務的階段；其運作是經由衛星電腦的程式自動操作或經由地面接收站的遙控，進而完成它被賦予的任務。

結　語

　　太空科技是人類科技登峰造極之表現，發展太空科技可以過發展人造衛星為出發點；而太空科技之發展需針對國家資源、國防、地緣、經濟等狀況之不同，調整至較適合我國國情之方向；而大方向之訂定必須是宏觀而長遠的。發展太空科技是一項具有挑戰性，而且兼顧數理科學與工程科技的計畫；其影響是全面的。國家可透過投資發展一系列科技及實用之衛星計畫，引進國內廠商參與，近者可使其獲利，遠者可帶其進入太空工業之領域。而國家此項投資可以獲得提升科技和科學教育之有形及無形效益。

　　總之，人造衛星使人類對大自然之之探究無遠弗屆，而吸收天文知識、太空科學不僅可增進科技學養，也使人類瞭解自己。在此也要強調一點，優秀之管理和團隊精神，以及良好之工程道德是衛星計畫成功之基礎。

（1999 年 1 月號）

有關人造衛星的 Q & A

1. Q：地球的太空軌道上有多少顆衛星？它們會不會相撞？

   A：地球周遭的太空中約有近萬的可追蹤人造物品或殘骸，其中包括約四千顆運轉中的人造衛星（此為約略數字僅供參考）。他們相撞的機率極低，但是曾發生過。以同步軌道衛星而言，因其位置特殊，衛星較密，雖不至於互撞，但其電訊容易互相干擾的。

2. Q：衛星的燃料用完了要怎麼辦？衛星掉落下是否造成災害？

   A：人造衛星（尤其是低軌道衛星）的燃料用完後會因地球引力不均以及軌道中極稀薄的氣體粒子的阻力影響而減速，並墜入大氣中燒毀；有些較大的衛星有可能墜落地表。也有一種設計觀念是用殘存燃料將衛星推入極高的橢圓軌道（太空墓場）中，讓它幾十年或更久再回到地球周遭來，以免形成地球附近的太空垃圾。

3. Q：衛星尚有哪些應用？

   A：電視電話轉播（影音資訊傳遞）、網際網路播接、全球定位系統（自動導航）、地圖製作、災難勘查、長期氣象預

報（如聖嬰現象的預測）、農林產預測、敵情偵察、飛彈預警、飛彈控制、微重力試驗等。

GPS 全球衛星定位系統的原理

◎—安守中

任職亞力通訊股份有限公司

GPS 全球衛星定位系統是三維空間的定位，與傳統的平面及高度測量定位理論有些差異。本文由二度空間的定位原理開始解說，希望讀者在看完本文後，能對 GPS 的定位原理有個概念性的了解。

從有人類歷史以來，如何在遼闊的原野、山嶺或湖海中，準確定出自己的位置、紀錄自己走過的路徑、規畫自己進行的方向等，一直是我們追求的目標。

GPS 全球衛星定位系統的完成，使人類在地球表面的定位能力達到最準確的極限。GPS 最初是美國為了軍事應用而發展的，GPS 全球衛星定位系統完成後的軍事用途有：沙漠風暴的兩伊戰爭、科索沃的對南斯拉夫作戰及阿富汗反恐戰爭等，在在都驗證了這個以衛星為平臺定位系統的準確性及實用性。

GPS 全球衛星定位系統是三維空間的定位，與傳統的平面及高度測量定位理論有些差異。本文由二度空間的定位原理開始解說，

希望讀者能對 GPS 的定位原理有個概念性的了解。

二度空間的平面定位

　　地球表面上的定位至少要有兩個參考座標點，此種參考點在陸地上比較容易尋找，因此陸地的定位比較容易。海面上沒有明顯的定位參考，只能以接近陸地時的地物作為參考點，因此全世界各沿海地區均建立燈塔做為船隻的導航參考點。但是在遇到大霧的天氣時，看不到燈塔的位置，則無法以目視定位。為了彌補這個缺點，燈塔處多設有霧號做導航參考的補助，霧號每分鐘發聲一次作為避免船隻觸礁的警示。筆者以此為例，來說明平面定位的方法。

　　假設船隻載有一個準確的時鐘，並且此時鐘與霧號的時鐘完全同步，另外假設霧號是每分鐘的零秒準時發聲，海面上的船隻即可據以定位。例如：假設一艘船在一分鐘過後第八秒聽到霧號的聲音，則可知霧號的聲音是從發聲的位置，經過八秒的傳送時間到達船隻。

　　聲音在空氣中傳送的速度約每秒 335 公尺，距離的公式為：

$$距離（R）＝音速（V）×時間（T）$$

　　海上的船隻在聽到這個霧號音時，它的位置可能在以霧號位置為

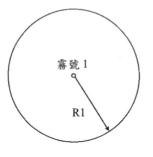 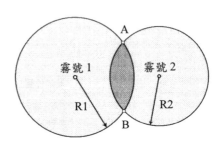

圖一：船隻的位置可能在霧號 1 為
中心以 R1 為半徑的圓週上任何
一點

圖二：船隻的位置可能在兩個圖週交點
中的一個

中心，以 $R = 335 \times 8 = 2680$ 公尺為半徑的圓週上任何一點（圖一）。

　　將這個觀念擴充，如果船隻同時又測量到第二個霧號的距離（R2），則船隻的位置一定是在以霧號1、霧號2為圓心，以R1、R2為半徑，兩個圓相交兩點中的一個，如圖二所示 A、B 兩點之一。這兩點間有一定的距離，到底是在哪一個點的位置，則船隻可根據大概的位置判斷。

　　如果再加上第三個霧號的傳送距離 R3 而得到的另一個圓週，則更可以準確判定船隻位置，這是平面定位的基本原理。

三度空間定位

　　平面的定位需要兩個座標點，第三個座標點作為參考、確認及

校正可能產生的誤差。將二度空間的定位觀念擴充，可知三度空間的位原理。三度空間的定位至少需要三個參考點：假設 GPS 接收器載有一個非常準確的時鐘，則 GPS 定位系統的接收器知道三顆 GPS 衛星的位置即可定位，第四顆 GPS 衛星則做為參考，用來確認及修正空間定位的精準度。

　　在太空中三個衛星的位置，對地面的定點形成一個三角形，以三角定位的原理，即可計算地球表面定點的位置。我們先解釋利用衛星定位的原理，再解釋太空中的測量、距離、原子鐘、信號傳送時間、衛星位置、差分修正等的原理。

（一）球面位置

從地球表面來看，GPS 接收器的位置只是地球表面上的一個點，每一顆定位衛星的位置，也是三度空間太空中的一個點。這裡先不考慮影響定位準確度的因素，全部都假設為理想狀況。首先以一個衛星發射的信號，計算該衛星位置與接收器位置之間的距離，假設衛星的

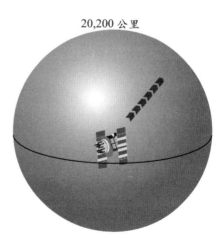

20,200 公里

圖三：C1 為圓心（衛星），R1 為半徑（信號範圍）形成一個球面。（葉敏華　繪製）

位置為 C1，衛星與接收器的距離為 R1，則接收器的位置可能是在以 C1 圓心，以 R1 為半徑形成的球面上任何一點（圖三）。這裡先不要管信號如何解碼、距離如何算出來，主要解釋如何由三個衛星，定出地面的位置。GPS 衛星距離地球 20,200 公里，我們則令 R1 等於此數字，也就是說，如果知道一個衛星在空間的位置及與接收器的距離，那麼接收器所在的位置則可能在以 C1 為圓心、R1 為半徑的球面上任何一點。

（二）線性位置

如果我們又知道了第二顆 GPS 衛星的位置及距離，設它們為 C2 和 R2，依照前文的敘述，接收器的位置將在以 C2 為圓心，以 R2 為半徑的球面上。換句話說，接收器的位置既要在以 C1 及 R1 形成的球面上，又要在以 C2 和 R2 形成的球面上。

現在把這兩個球面合在一起（圖四），這兩個球面交接在一起的是一個平面的圓環形。如果接收器的位置

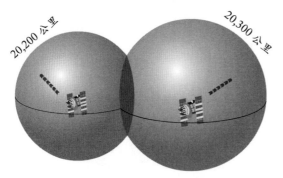

位置在兩個相交的圓環上

20,200 公里　20,300 公里

圖四：兩個球面交接在一起的是一個平面的圓形。（葉敏華　繪製）

要符合同時在這兩個球面上的條件，接收器的位置就一定在這個兩個球面相交的圓環形上。為了與實際結合，我們假設 R2 距地球表面 20,300 公里。當測量到第二個衛星的距離及位置時，搜尋接收器可能位置的範圍又縮小了。

（三）點的位置

當量測到第三顆 GPS 衛星的位置及距離時，設它們分別為 C3 和 R3，則接收器的位置又將是在以 C3 為圓心，R3 為半徑的第三個球面上。

現在把第三個 GPS 衛星的位置及距離形成的球面再加入（圖五）。簡單說，就是以第三個球面切入原來兩個球面交接的圓形上。同樣的，如果接收器的位置要符合同時在這三個球面上的條件，接收器的位置就一定在三個

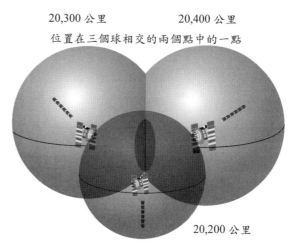

20,300 公里　　　　　20,400 公里

位置在三個球相交的兩個點中的一點

20,200 公里

圖五：加入第三顆衛星的距離後，接收器位置在兩個交點中的一個。（葉敏華　繪製）

球面相交的兩個點上。所以當測量到第三個衛星的距離及位置時，我們接收器的可能位置就縮小到兩個點上。

這樣已經夠了，因為不要忘了我們是在地球表面。這兩個點，一點是接收器的位置，另一點可能在太空或地球內部的某一個虛擬位置，很容易就可以常理判斷而捨棄掉。如果還是不能下判斷，測量的參數中，也同時包含速度，另一個虛擬點的速度會不合理而被剔除。由以上敘述可知，基本上知道三個衛星的位置及距離，就可以算出接收器在地球表面的三度空間位置。

但是在實際使用上，一定要第四顆衛星做定位確認及誤差的校正。這第四顆衛星是整體 GPS 全球衛星定位系統中最重要的一環。為什麼一定要第四顆衛星，後面會再做說明。

衛星距離的測量

（一）距離

以上說明了至少三顆 GPS 衛星的位置及接收器的距離，就可以計算接收器本身的位置。接下來的問題是，如何測量地球軌道中衛星與地面接收器之間的距離？平面的距離測量觀念也可以用在這理。讓我們再看一下曾提到過的測量距離的方法。它的公式是：

$$距離（R）＝速度（V）×時間（T）$$

測量衛星與地球某一點的距離是利用衛星發射回來的無線電信號，以它的傳送速度及傳送時間兩個參數，就可計算出衛星與接收機之間的距離。電子信號傳送的速度與光速相同，每秒是 $3×108$ 公尺。接下來要找出信號傳送的時間。

（二）傳送時間

GPS 衛星軌道在地球上約兩萬公里處，衛星信號傳送速度每秒約 30 萬公里，如果衛星正好在頭頂上，很簡單的可以算出來，信號傳送至地球的時間約 0.06 秒。量測到這麼短的時間必須使用特別的方法。

先假設我們已經有了精確的時鐘，並且衛星和接收端都有一個完全一樣的這種時鐘。我們在衛星和接收端同時開啟這個時鐘，並在接收端開始計時。接收端會產生兩個時間信號，一個是本身的時間信號，另一個是由衛星接收到的時間信號（圖六）。這兩個信號不會同時出現在接收端。因為衛星傳來的

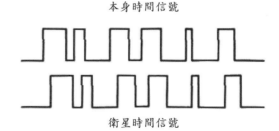

本身時間信號

衛星時間信號

圖六：接收端的本身時間信號及接受到的衛星時間信號之間有時差

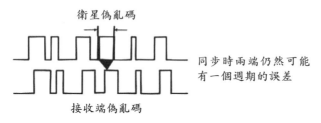

衛星偽亂碼

同步時兩端仍然可能
有一個週期的誤差

接收端偽亂碼

圖七：接收端時間信號作延遲以計算信號傳送時間

時間信號，經過兩萬多公里的傳送，會比本身的時間信號慢一點，這個延時就是上節所說的 R1、R2 或 R3。

如何算出時間慢多少呢？最簡單的方法是將本身的時鐘信號做延遲，一直延遲到與接收到的衛星時間信號完全同步。這個本身時鐘延遲的時間，就是衛星信號傳送到接收點的時間。此時間乘以光速，得到的就是衛星與接收點之間的距離，圖七顯示接收端時間信號作延遲計算信號傳送時間的方式。

（三）原子鐘

距離的測量與長度的測量一樣，測量工具的單位必須比被測物的單位更精準，如果用只有公尺刻度的尺，要做公分的測量，一定有很大的估算誤差。衛星信號傳送的速度與光速相同，所以無法以普通時鐘為測量工具，因為時鐘的誤差即使只有千分之一秒（在地球上已經是很準確的了），但作對 GPS 定位距離的誤差就可以相差到約 300 公里。

GPS 衛星定位系統使用原子鐘（atomic clock）做系統的時間標準，它與二度空間定位中提到的霧號一樣，是 GPS 系統接收端據以計算衛星信號傳送時間的標準。每一個 GPS 衛星攜帶的原子鐘在發射之前，都在美國國家航空暨太空總署註冊編號，並調整它與地面的標準原子鐘同步。

圖八：一般商用的銫原子鐘（從旁邊的手堆車可知其大小）。（安守中提供）

原子鐘是利用特殊原子的震盪頻率作測量單位，此類原子的震盪頻率約每秒幾十億次（Giga Hz 即 10^9），相對於光速每秒行進 3×10^8 公尺，可以

圖九：美國國家標準及技術局的銫原子鐘。（安守中提供）

達到公分級的測量精度。被選擇作原子鐘是銫及銣兩種原子，因為它們的性質較穩定，易於控制及使用。

每個 GPS 衛星都攜帶有兩個銫原子鐘和兩個銣原子鐘。銫原子鐘的震盪頻率為 9,192,631,770 Hz，銣原子鐘的震盪頻率約 6 GHz。銫

原子鐘一秒的定義是「銫-133 原子在地球上兩個固定位準之間震盪 9,192,631,770 Hz」，它的誤差約每 1,400,000 年差一秒，是人類歷史上最準確的計時器。

西元 1967 年國際測量標準會議，將銫-133 原子震盪週期定為國際時間系統的計時單位。圖八是一個商用銫原子鐘，此原子鐘價格約在美金五到十萬元之間。圖九是美國國家標準及技術局裡的銫原子鐘，它的環境溫度及溼度都經嚴格控制，以保證原子震盪的穩定性及時間的正確性。

因為 GPS 衛星載有與控制中心同步的原子鐘，它的時間信號隨同其他資料信號傳送至地球。地球的接收端除了以接收到的衛星時間信號來做傳送時間及距離的計算之外，另一個邊際效用就是將其作為標準時鐘使用，電腦網路之間的時間同步、導航系統的時間修正或影像傳送系統的時間同步等，均可利用此時間做系統的標準。

第四顆 GPS 衛星

前文曾解釋三顆 GPS 衛星信號定出位置的基本原理，讀者不知道有沒有想過，如果這三顆衛星的信號都是錯誤的，都介入了相同的誤差或被相同雜訊的干擾，結果是不是還可以得到一個位置？答案是「是的！仍然可以算出一個位置，但是這個位置是錯的。」這

時就用到第四衛星了。接收到第四顆衛星的位置及距離資料後，以它作參考可以精確地修正前面三顆衛星計算出的結果。根據三顆衛星計算的本身位置如果是錯誤的，一定是三顆衛星都介入了同樣的傳送誤差。

假設前三顆 GPS 衛星都介入了相同的誤差，第四顆衛星資料出現後，符合同時存在四個球面的位置，就不會是一個點。資料誤差校正的方法是同時在三個衛星傳送的定位信號中，在每個向度作增量或減量的回歸修正，並與第四個衛星的資料做檢查，一直到修正值能符合「位置必須同時存在四個球面上」的條件才算校正完畢。

第四顆 GPS 衛星位置和距離的應用原理，是整個 GPS 定位系統的精華。以上運算非常複雜，所幸複雜的運算正是電腦的專長，因此 GPS 衛星全球定位系統才能迅速處理定位資料。

衛星的位置

在前文的敘述中都假設了一個前提，就是作為參考點的 GPS 衛星位置都設為已知。這些衛星都在距離地球兩萬多公尺的太空中，我們如何知道它們每一個的正確位置呢？

GPS 衛星的地面控制部分，主要由美國克羅拉多州的主控制中心及五個分布在全世界的監控站組成。每一個 GPS 衛星在軌道中的

位置，由地面控制部分追蹤及管制。美國空軍在發射 GPS 衛星時，是根據設計的總計畫（Master Plan），將每一個衛星送進預定的準確軌道。地面所有控制站的電腦系統裡，都有一個 GPS 衛星星曆程式，隨時可以掌握太空中每一個定位衛星的位置。監控站整理收到的距離資料，計算各衛星的位置，每兩小時將更新的衛星位置資料上傳到每個衛星。

GPS 衛星免費提供民間使用的定位資料，以每一秒一次的週期傳至地球。傳回地球的信號，除了用作檢查時間的偽亂碼之外，還包含初始位置、衛星星曆、衛星編號、格林威治日期、時間等其他導航資料。

影響距離測量因素

一般情形下，我們都假設 GPS 衛星信號是以光速行進，這個假設只有光線在真空中行進的情況下才能成立。實際上 GPS 衛星信號當然不是在理想狀況下傳送，信號必須要穿過電離層、對流層及大氣層，並且整體的系統中往往會產生有電子的、機械與人為的誤差。這些誤差相加起來，會影響定位結果的準確度。

（一）地球形狀及自轉的所產生誤差

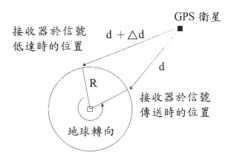

圖十：地球自轉產生的信號傳送誤差

地球實際上是一個稍扁的球體，赤道處的直徑大於南北極處的直徑。這樣一個不完美的球型，導致信號由 GPS 衛星傳送到地球時，會因地球形狀不規則而產生誤差。

另一個狀況是，GPS 衛星在發射信號及信號抵達地球的時間，地球都在持續不斷地轉動，信號傳送的時間地球行進了一段距離Δd（圖十），它對地面位置的計算行程會有誤差，但這種誤差可以預測並修正，以減少在地球定位的影響。

（二）太陽輻射干擾

太陽輻射由離子化的氫質子和電子、8 ％的氦離子及微量的重離子所構成。這些物質以每秒 350 到 700 公里的速度由太陽向外輻射，例如彗星的尾部都是遠離太陽的方向，就是太陽輻射的結果。太陽輻射產生的磁場對 GPS 衛星的通信產生干擾，特別是太陽黑子活動劇烈時，可能阻斷衛星的通信頻道。這種影響多半是可預測的，但

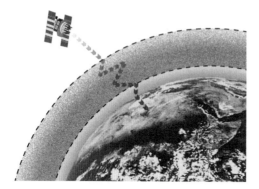

圖十一：衛星信號穿過電離層的示意圖。（葉敏華繪製）

有時無法預測而只有短暫關閉衛星的通信頻道。

（三）電離層

電離層（ionosphere）在地表以上 50～500 公里之間，大部分由離子化的粒子組成。電離層的離子濃度因白夜與季節而有所變動。GPS 的信號經過電離層時，由於傳導介質的改變產生不同的信號，這種變化就像聲音在不同介質（如空氣及水）中傳導引起的延遲效應一樣（圖十一）。

時間延遲的比率與頻率的平方成反比，所以電離層所造成的誤差，可經由數學模式糾正。它是誤差的主要來源之一。

（四）對流層

對流層是大氣層較低的部分，在南北極處高度約 8.1 公里，赤道處高度約 16.1 公里。對流層的空氣穩定地在水平及垂直兩個方向運動，其中溫度每上升 305 公尺降低攝氏 1 度。它可以有效傳導 15 GHz 頻率以下的信號。在對流層中，GPS 系統中載波及信號資料的相位

和傳導速度都同樣被延遲。信號延遲的長短由對流層磨擦係數決定，磨擦係數又由溫度、壓力和相對溼度決定。

對流層對 GPS 通信信號的影響在一天裡的每一個時段都不同，可以對一天中的每一個時段建立完整的數學修正模式，減少對定位誤差的影響。

（五）多路徑傳送誤差

接收機端的多路徑傳送誤差是 GPS 主要誤差的原因之一。GPS 信號在到達地球沒有進到接收器之前，除了主要傳送路徑之外，會產生許多鄰近目標反射的路徑。接收機接收的首先是直接信號，然後是經過延遲的反彈信號。如果反彈信號太強，就會欺騙接收器，得到錯誤的位置測量結果，或根本無法鎖定衛星的位置。這種狀況在都市地區發生的機率較高，圖十二顯示多重路徑傳送的影響。

多重路徑不僅令偽亂碼（PRN）及導航資料失真，同時它也引起載波的調變及相位

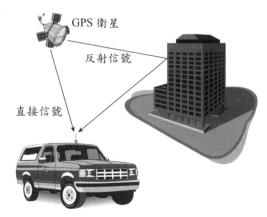

圖十二：接收端多路徑傳送引起的影響

失真等。接收器應用各種信號處理技術，過濾掉所有延遲的信號，僅接收最先到達的直接信號，以避免路徑傳導時所造成的誤差。

（六）人為的誤差

所謂選效碼（selective availability，簡稱 SA）是人為誤差的一個例子，此碼由美國國防部控制，可以限制非軍事用途的定位精確度。每一個 GPS 衛星的 SA 偏差都不相同，定位時的位置誤差值是每顆衛星 SA 偏差的綜合函數。不過美國政府已經於 2000 年 5 月 1 日解除此碼，因此誤差已自然消除。

結 語

以上對 GPS 全球衛星定位系統的定位原理、衛星距離測量、原子鐘時間標準、信號傳送的誤差來源等，作了基本的介紹。在整個 GPS 系統的原理中，使用的座標系、衛星信號的編碼、誤差的數學修正模式、差分式接收（DGPS）等都占了很重要的分量。若是對 GPS 有進一步研究興趣的讀者，可以到筆者的網站 http://alexan.in2000.com 看一看，更歡迎您與我聯絡討論。

（2002 年 9 月號）

長征火箭
——中國大陸進軍太空的踏板

◎—宋玉寧

自由撰稿人

要向地球大氣層外的太空進軍，不管是無人或載人，都需要先有工具推上地球軌道，長征火箭正是中國大陸躍上太空舞臺的踏腳石。

在中國大陸進軍太空的歷史上，從各種人造衛星、無人太空船，到不久即將進行的載人太空船，長征（Long March）系列火箭一直以來都扮演著極為重要的角色。對於這個中國大陸太空發展的推手，西方國家是以英文字意的縮寫，將型號訂為 LM，而中國大陸本身則以中文的羅馬拼音訂為 CZ。

其實設計、研發及製造長征火箭的主要單位，是中國大陸的中國發射載具科技研究院及上海太空飛行科技研究院，不過目前統一對外的商業單位，則是中國長城工業公司。

長征系列火箭的載運能力，可將 300 至 9500 公斤的衛星裝備推送到地球低層軌道（LEO）上，或是將 1500 至 5100 公斤的裝備推送

到地球自轉同步軌道（GEO）上，也能把 6500 公斤的裝備推送到太陽同步軌道（SSO）上。不同型號的火箭，提供各種不同目的需求的發射任務。

　　至今長征系列主要發展出了長征一到四型等四種火箭，另外還有一些改良型，以及新發展的 LM-5 等型式不同的太空火箭。

長征一型火箭

　　長征一型（LM-1）火箭是中國大陸的第一種太空發射載具，自 1965 年夏天開始研發，當初發展的主要目的，在於推送中國大陸的第一枚自製人造衛星——東方紅一號。

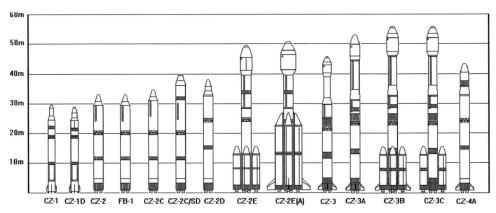

長征系列主要發展出了長征一到四型等四種火箭，另外還有一些改良型。

LM-1 型基本上共分成兩節，第一、二節直接採用解放軍東風四型中程彈道飛彈的彈體改裝而成，裝備艙段則是採用另外設計的FG-2 型固態燃料火箭發動機。1970 年 4 月，LM-1 型火箭於甘肅省的酒泉衛星發射中心（JSLC）第一次發射升空。

　　而為了將小型衛星推送上地球低層軌道，中國大陸於 1990 年再由 LM-1 型發展出了長征一丁型（LM-1D）火箭。此型火箭是長征系列中體積最小的一種，也是採兩節式設計，第一節使用 YF-2A 型液態燃料火箭發動機，第二節使用 YF-3 型火箭發動機，裝備艙段則換成 SPAB-14B 型固態燃料火箭發動機，可推送 1000 公斤衛星到地球低層軌道。

　　1997 年 11 月，LM-1D 型火箭第一次由酒泉衛星發射中心成功試射升空，不過後來並未實際用於衛星發射作業，僅作為次軌道重返太空艙的測試之用。

長征二型火箭

　　長征二型（LM-2）火箭的設計目的，原本是用來發射中國大陸自製的 FSW-1 型可回收軍用偵察衛星到地球軌道上，由中國發射載具科技研究院自 1970 年開始研發。1974 年 11 月 5 日 LM-2 型首度發射，結果以失敗收場，火箭及搭載的衛星都付之一炬。

就在經過一連串的改進、重新設計之後，長征二丙型（LM-2C）火箭成為此系列的第一種成熟產品，主要用於推送地球低層軌道衛星。此型火箭全長 40 公尺，仍採用兩節式設計，第一節配備 YF-21 型發動機，第二節則使用 YF-22/YF-23 型發動機，最多可搭載 1800 公斤的太空裝備。

LM-2C 型火箭於 1975 年 11 月 26 日，於酒泉衛星發射中心第一次試射成功。1992 年 10 月 6 日，順利將瑞典的 Freja 衛星送上軌道，這也是 LM-2C 型火箭接到的第一個外國客戶。

後來中國大陸將 LM-2C 型火箭最前段裝備艙的整流罩改良加大，還配置了精巧的衛星佈放裝置，這套系統配備了一具固態加速火箭發動機，此外火箭第二節的長度也增加，並將第二節火箭發動機的噴嘴尺寸加大，成為 LM-2C/SD 型火箭。

LM-2C/SD 型由於搭配了衛星佈放裝置，一次可以搭載兩枚衛星升空。1997 年 9 月 1 日，LM-2C/SD 型火箭在山西省的太原衛星發射中心（TSLC）第一次試射成功。LM-2C/SD 型火箭主要用來發射美國摩托羅拉公司的銥計畫通訊衛星，前後共將十二枚銥衛星送上了地球軌道。

第二種長征二型系列是長征二丁型（LM-2D）火箭，也是用於推送地球低層軌道衛星。LM-2D 型由上海太空飛行科技研究院研

製，全長 37.7 公尺，仍為兩節式設計，火箭的第一節與 LM-4 型完全相同，第二節除了裝備艙部分，也與 LM-4 型一樣，而火箭發動機則與 LM-2C 型相同。

LM-2D 型火箭的裝備艙段特別採用了美國波音航太公司的 PAM-D 系統，可搭載 3500 公斤衛星裝備，1992 年 8 月 9 日載運一枚中國大陸新一代的可回收式衛星，於酒泉衛星發射中心第一次順利發射升空。

此系列的第三種是長征二戊型（LM-2E）火箭，這是中國大陸用來發射地球低層軌道衛星的火箭之中，推力最大的一種。LM-2E 型是由 LM-2C 型發展而

長征 2C/SD 型於山西省太原衛星發射中心發射。

成，1986 年開始概念設計，1990 年加入發射行列。

LM-2E 型火箭全長 49.7 公尺，仍保持兩節式設計，第一、二節的液態燃料火箭發動機和 LM-2C 型一樣，但第一節的燃料槽長度增加；而與其它 LM-2 系列在外觀上最大的差異，則是在火箭尾部加掛了四具加力器，這些加力器都使用一具 YF-20 型火箭發動機，使推

力大增，可搭載 9500 公斤裝備到地球低層軌道。

　　1990 年 7 月 16 日，LM-2E 型載運巴基斯坦的 50 公斤重 Badr 科學實驗衛星及 HS-601 全尺寸衛星模型，從四川省的西昌衛星發射中心（XSLC）首度發射成功。不過由於後來的發射失敗率偏高，使得 LM-2E 型火箭自 1995 年底以來，就再也沒有執行過任何太空發射任務。

　　此外，中國大陸也曾發展出加裝近地點固態燃料加速發動機的 LM-2E/EPKM 型火箭，主要用來執行進入地球自轉同步轉換軌道（GTO）的太空任務，可搭載 3500 公斤重的太空裝備，第一次發射作業於 1995 年 11 月 28 日順利完成。

　　為了進一步支援中國大陸自 1992 年展開的載人太空飛行計畫，中國發射載具科技研究院由 LM-2E 型，又改良出了第四種的長征二己型（LM-2F）火箭，主要是加強第二節火箭的結構，並將火箭頂端裝備艙段改換成神舟號太空船及逃生塔等，於 1999 年 11 月 20 日載運無人太空船，在酒泉衛星發射中心完成第一次發射任務。

長征二己型於酒泉衛星發射中心發射。

最後一個正由中國發射載具科技研究院研發中的，則是長征二戊（A）型火箭。此型火箭計畫將 LM-2E 型的四具附加加力器都加長為兩節式，使用兩具 YF-20 型火箭發動機，每具加力器尾部還增加一片尾翼；此外，火箭頂端的裝備艙段也加長、直徑加大，未來可能會用來搭載中國大陸的小型太空站，計畫將由西昌衛星發射中心發射。

長征二戊型於四川省西昌衛星發射中心發射。

長征三型火箭

中國大陸自 1984 年起使用的長征三型（LM-3）火箭，主要用於地球自轉同步軌道的太空任務，而此型火箭也使中國大陸得以進入國際商業火箭市場。LM-3 型火箭由上海太空飛行科技研究院研製，全長 44.6 公尺，為了增加火箭的航程，改採用三節式設計，並在尾部配置了四片尾翼。

LM-3 型火箭的前兩節直接改良自 LM-2C 型，分別配備 YF-21、YF-24D 型發動機，第三節則採用能夠重新點燃的 YF-73 型液態燃料

發動機，可將 1500 公斤裝備推送至地球自轉同步轉換軌道。1984 年 1 月 29 日，LM-3 型火箭由西昌衛星發射中心第一次試射時，因為第三節發動機未能及時點燃，而導致任務失敗。

　　長征三甲型（LM-3A）火箭是由 LM-3 型改良而成，火箭的導航、控制系統及第三節發動機都經過性能提昇。LM-3A 型火箭於 1994 年正式加入中國大陸的發射行列，全長 52.5 公尺，仍為三節式設計，第一節配備 YF-21 型發動機，第二節配備 YF-21/YF-23 型發動機，第三節則是 YF-75 型發動機，能將 2600 公斤衛星裝備推送到地球自轉同步轉換軌道。另外，LM-3A 型火箭也是從西昌衛星發射中心發射。

　　至於改良自 LM-3A 型的長征三乙型（LM-3B）火箭，全長為 54.8 公尺，也是三節式設計，第一、三節與 LM-3A 型完全相同，但第二節改用 YF-22/YF-23 型發動機，而在外形上最大的差異，便是增加了四具與 LM-2E 型一樣的附加加力器，每具加力器皆配備一具 YF-20 型發動機，尾部並配置一片尾翼，此外火箭第二節的燃料槽，以及裝備艙整流罩也都加大。

　　LM-3B 型是中國大陸用於執行地球自轉同步轉換軌道發射任務的火箭中，推力最大的一型，同時也是長征系列火箭中技術最成熟的一型，它可以推送 5200 公斤太空裝備，至地球自轉同步轉換軌

道。1996 年 2 月 15 日，LM-3B 型火箭在西昌衛星發射中心進行第一次試射，可惜因爆炸事故而失敗，當時還造成地面六名工作人員喪生以及數十人受傷，可說是中國大陸太空發展史上所發生最嚴重的意外事件。

　　長征三丙型（LM-3C）火箭是此系列仍在計畫中的第三種，主要是希望填補 LM-3A 及 LM-3B 型之間的發射能量空隙。火箭主體及使用的加力器與 LM-3B 型完全相同，但加力器總數減少為兩具，可載運 3700 公斤裝備至地球自轉同步轉換軌道。未來 LM-3C 型計畫由西昌衛星發射中心負責發射作業。

長征四型火箭

　　長征四型（LM-4）火箭是由上海太空飛行科技研究院設計、製造，研發計畫自 1982 年展開，主要用於發射北極與太陽同步衛星。不過最初 LM-4 型火箭只是作為中國大陸以 LM-3 型發射通訊衛星時的備用載具，後來才轉換成用來推送氣象衛星到太陽同步軌道上，並改型號為 LM-4A 型。LM-4A 型火箭是在 LM-3 型的基礎上發展而成，全長 45.8 公尺，採用三節式設計，第一節配置 YF-21B 型發動機，第二節配備 YF-22/YF-23 型發動機，第三節則使用 YF-40 型發動機，火箭尾部同樣配置四片尾翼，此外裝備艙段可採用 A 型或 B 型

長征四乙型於太原衛星發射中心發

兩種不同尺寸的整流罩，以配合需求。

　　LM-4A 型火箭可推送 1419 公斤衛星到地球自轉同步轉換軌道，2790 公斤裝備到太陽同步軌道，或是 4595 公斤太空裝備到地球低層軌道上。1988 年 9 月 7 日，LM-4A 型火箭於太原衛星發射中心第一次順利發射升空。

　　LM-4A 型之後，中國大陸又改良出了長征四乙型（LM-4B）火箭，裝備艙整流罩加大，換用數位式電子控制系統，火箭發動機也經過性能提昇，原訂 1997 年進行首次發射，但延後到 1999 年 10 月 4 日，才第一次由太原衛星發射中心發射成功。

長征五型火箭

　　為了因應未來國際間的太空發射需求，中國大陸於 2001 年 2 月宣布了下一代太空發射載具的研發計畫，火箭型號訂為長征五型（LM-5），由中國發射載具科技研究院負責研發，計畫於 2002 年正

式展開，預計 2008 年可開始執行發射任務。

　　LM-5 型火箭將採用模組化設計，共有三種不同的火箭直徑，同時也可加掛加力器，因此能產生多種火箭組合，以滿足各種不同的太空任務需求，其中最大型的 LM-5 型火箭將附加四具加力器，發射能力將可與歐洲的亞利安五型（Ariane 5）太空火箭相比擬。

　　中國大陸希望未來這種新型火箭系列，可推送 1500 至 25000 公斤的太空裝備到地球低層軌道，以及 1500 至 14000 公斤的裝備到地球自轉同步軌道上，進而完全取代目前使用中的 LM-2、3、4 型火箭。預計 LM-5 型火箭會在酒泉衛星發射中心進行發射任務。

長征火箭發射紀錄

　　至 2000 年 1 月為止，中國大陸的長征系列火箭，總共進行了六十次的試射或商業發射作業，其中七次遭到失敗的命運，失敗紀錄分別是 1974 年 11 月 5 日，LM-2 型火箭試射失敗；1984 年 1 月 29 日，LM-3 型火箭試射失敗；1991 年 12 月 28 日，LM-3 型火箭發射失敗；1992 年 12 月 21 日、1995 年 1 月 26 日，LM-2E 型火箭商業發射失敗；1996 年 2 月 15 日，LM-3B 型火箭商業發射失敗；以及同年 8 月 18 日，LM-3 型火箭商業發射失敗。

　　與其他的競爭者，如俄羅斯、日本或歐洲太空總署（ESA）相

比，中國大陸的發射失敗率在歐亞地區的確略高。不過由於中國大陸國內的需求量也不大，每年大概只有二到三枚衛星的發射量，因此中國長城工業公司仍不斷的努力爭取國外商機，而在各大國際性航空展中，也就常常可見到該公司的參展攤位了。

　　將來可預見的是，隨著本身科技水準的進步，除了繼續進軍國際衛星發射市場之外，長征火箭不論在中國大陸的衛星發射或載人太空船的發展上，仍將扮演重要的推手角色。

（本文圖片皆由作者提供）

（2003 年 10 月號）

簡介中國大陸載人太空飛行計畫

◎—高雄柏

《尖端科技》特約撰述

「神舟五號」與「神舟四號」的基本技術差異很小,但「神舟五號」將搭載有太空人,實現中國大陸載人太空飛行計畫。

中國大陸在 1970 年 4 月 24 日下午 9 時 35 分,點火發射其第一枚人造衛星——東方紅一號,從此進入太空時代。他們當時曾經想要接著進行載人太空飛行計畫,但是在一段時間之後認識到研發人力、經驗、綜合國力與工業基礎都存在太多困難,於是擱置此議。後來中國大陸一直到了 1992 年才開始推動載人太空飛行計畫。大約歷時七年之後,他們在 1999 年 11 月 20 日上午 6 時 30 分,於酒泉衛星發射中心發射試驗型的無人太空船「神舟一號」。到 2002 年底之前,與載人太空船完全相同的「神舟四號」也已經發射進入軌道。到撰寫本文之時為止,四次神舟系列太空船發射與返回地面的時間與地點列在表一。

由表一可知,神舟系列的發射都是在夜間進行。這是為了讓某

表一：神舟太空船發射返回時地一覽。

太空船名稱	發射時間與地點	返回艙返回地面時間與地點
神舟一號	1999.11.20，06：30 酒泉	1999.11.21，15：41 內蒙古中部
神舟二號	2001.01.10，01：00 酒泉	2001.01.16，19：22 內蒙古中部
神舟三號	2002.03.25，22：15 酒泉	2002.04.01，16：51 內蒙古中部
神舟四號	2002.12.30，00：40 酒泉	2003.01.05，19：16 內蒙古中部

些光學觀測追蹤器材能夠更發揮作用。但是反觀美國太空船和太空梭時常在日間發射，可見美國與中國大陸在光學觀測追蹤方面必定有所不同。此外，除了「神舟三號」是大約剛過了春分點之後發射，其他都是在寒冬發射。這是因為除了遠望一號位在日本南方海域之外，遠望二號、三號與四號觀測船都位在南半球高緯度海域，在南半球春、夏季海象比較良好的時候，北半球則是秋、冬季。內蒙古中部適宜返回艙著陸的原因是，太空船多次經過內蒙古上空、地形開闊又平坦、晴天多、地面堅實、而且地廣人稀（每平方公里僅十人）。

神舟一號

　　當初發射「神舟一號」的時候，中國大陸媒體只提到使用「新型運載火箭」。現在外界已經知道，那就是「長征二號已型」火

箭。若採用音譯，英文名稱是CZ-2F，若用意譯，則是LM-2F。有人認為CZ-2F主要就是經過修改的CZ-2E，使它的安全性與可靠性都更高，比較適合推送有人搭乘的太空飛行器。中國大陸媒體也表示，「神舟一號」是「試驗飛船」而非「正樣飛船」。也就是說它與預想未來載人飛行的太空船基本形態上就有明顯差異。當時的媒體報導給人一種印象：「神舟一號」就是一個返回艙上了軌道，環繞地球飛行二十一小時十一分，然後返回地面。後來有外國專家公布拖車在酒泉基地內運輸還沒安裝到火箭頂端的「神舟一號」照片，其中顯示返回艙立在推進艙上面，二者一起置於拖車上運輸，而且只包覆了防寒毯，沒有類似外國的嚴密防塵措施。有人對這張照片感到吃驚，但是這位專家說他曾經在酒泉參與發射衛星工作，那裡的空氣相當潔淨，他測量發射塔上部的塵粒數量相當於無塵室的狀況。

中國大陸方面宣稱，「神舟一號」是第一次在廠房裡進行太空船與火箭聯合體的組裝測試、整體垂

神舟一號以長征二號己型火箭發射，它只能算是試驗飛船而非「正樣飛船」。

直運輸到發射場、使用遠距測試發射控制的新模式，還有包括四艘「遠望號」系列測量船在內的新建立的陸海航太測控網。

在「神舟一號」入軌之後，美國太空司令部監視軌道物體的雷達資料就更改軌道上所有物體的編號。但是仍然有人破解編號而且找出「神舟一號」的軌道資料。他們發現雖然媒體沒有大幅報導，但是「神舟一號」其實是軌道上相距不遠的兩個物體。兩者最接近的時候，之間距離只有 800 公尺。

神舟二號

「神舟二號」是彼岸術語所說的「第一艘正樣無人飛船」。它基本上具備未來載人飛行所需的技術形態，由軌道艙、返回艙與推進艙三大部分組成。以下簡述其形狀、相對位置與飛行概況。

如果整個太空船矗立在火箭上面等待發射，位於最上方的是軌道艙、中間是返回艙、最底下是推進艙。軌道艙像是中間一段圓柱的二端各加上漸縮圓柱，側面可以伸出太陽能電池板。軌道艙是太空船在軌道飛行期間，太空人生活與工作的場所。軌道艙下方有艙蓋可以通往返回艙上端的艙蓋，然後進入返回艙。在發射昇空與返回地面的期間，太空人都在返回艙裡面。神舟系列的返回艙外形是非常蘇聯式的鈍鐘形，與美國那種一個高漸縮比的大圓柱與低漸縮

比的小圓柱組成的設計顯著不同。位在返回艙之下的就是圓柱體似的推進艙，它有火箭噴嘴可以變換軌道或者為了重返地球而減速脫離軌道。推進艙和軌道艙一樣可以伸出太陽能電池板。在軌道飛行的時候，是軌道艙在最前面、返回艙居中、推進艙在最後面。準備返回地面之前，整個太空船調轉指向（但是質量中心的前進方向不變）成為推進艙底部朝前、返回艙居中、軌道艙最後。接下去，推進艙與返回艙仍然聯結在一起，二者共同與軌道艙分離。然後推進艙的減速（制動）火箭在適當時刻點火並且持續操作適當時間。再來就是返回艙與推進艙分離，而且返回艙無動力返回地面。除了使用面積 1200 平方公尺的降落傘減速之外，在最後離地面 10 公尺之時，應該啟動緩衝火箭，讓返回艙著陸更輕一些。

「神舟二號」耗時大約六天十八小時，環繞地球飛行一百零八圈之後，返回艙回到地面。後續的「神舟三號」與「神舟四號」也都是環繞地球飛行一百零八圈之後，返回艙回到地面。「神舟二號」在軌道期間，首次進行微重力環境之下的生命科學、材料科學、天文與物理方面的實驗。

神舟三號

依照當時的媒體報導，「神舟三號」是「完全處於載人技術狀

態的正樣飛船」。也就是說它與載人太空船的裝備（尤其是維生系統）完全一樣，只是沒有載人。但是它在返回艙裡搭載了一個模擬人體生理的假人。有人懷疑使用假人是否能夠充分測試維生系統的性能，而且認為應該像蘇聯與美國一樣派遣猩猩之類的動物上船。中國大陸的航天專家則是認為，動物的行為難以預測或控制，反倒可能危及任務成功，而且現今假人的模擬足以充分測試維生系統。

「神舟三號」首次安裝了「發射逃生系統（launch escape system）」。它主要就是裝置在箭船聯合體最上端的小鐵塔狀結構與一枚小火箭。如果在發射前十五分鐘到升空後一百六十秒之間，發生有可能危及太空人生命的狀況，就可以自動或者手動點燃小火箭，攜帶返回艙離開運載火箭一段距離，然後使用降落傘著陸。

還有一件事引起外界興趣，中國大陸的 China Space News 期刊在 2002 年 3 月 27 日終於公開了神舟系列太空船的某些數據。此次任務的「神舟三號」全重 7.8 公噸，軌道艙全長 2.8 公尺、直徑 2.25 公尺，前後兩端都有艙蓋，前方通往太空站，後方通往返回艙，返回艙全長 2.059 公尺、最大直徑 2.8 公尺。推進艙全長 2.94 公尺、最大直徑 2.8 公尺。

比較引起外界注意的是，「神舟三號」返回艙回到地面之後，它的軌道艙仍然在近地軌道運行了至少一個月（預計是六個月），

而且多次變換軌道，最後爬昇到更高的軌道運行。這些作法可能是測試裝備的適用性以便汰劣存優，以及供地面控制人員練習操控，也有人認為是在摸索建立太空站的可能性。

神舟四號與神舟五號

「神舟四號」的發射日期與「神舟三號」相距僅約九個月。這暗示著中國大陸的太空飛行硬體設計與製造品質已經達到相當可觀的水平，而且對於大型計畫的管理也達到制度化。此外，中國大陸很可能企圖在未來建立太空站，所以才需要驗證短期之內連續發射的能力。「神舟四號」的軌道地面投影非常穩定的經過酒泉衛星發射基地附近。如果「神舟四號」是在模擬一個目標，那可能是在演練假想的太空船與太空船會合，或者太空船與太空站會合。「神舟四號」在 2002 年 12 月 31 日似乎做了二個比較大的動作，後來在 2003 年 1 月 4 日到 5 日做了幾個比較小的動作。因為「神舟四號」在環繞地球一百零八圈飛行期間的各圈週期變化小於「神舟三號」，因此推測它的動作比「神舟三號」要小一些。

「神舟四號」也是完全符合載人飛行技術條件的無人太空船。它不只搭載了兩個模擬人類生理的假人，而且搭載了某一數量的食物與飲水。「神舟四號」搭載的 80 公克蔬菜、西瓜、與花卉種子，

返回地球之後，在杭州蔬菜科研所破土出苗。除了生物、物理與醫學科研之外，「神舟四號」還有一套多模態工作的微波遙測裝備。這套裝備在軌道飛行期間測量了降水、水汽含量、積雪、土壤水分、海面溫度、海面高度、有效波高、大洋環流、海面風速與風向等等。

　　「神舟四號」搭載了五十二件科學實驗設備，其中十七件隨同返回艙回到地面，另外三十五件留在軌道艙裡繼續環繞地球。到了2003年4月15日，已經確知軌道艙至少比返回艙多環繞地球一百天。

　　推測「神舟五號」與「神舟四號」的基本技術差異應該很小。目前已知的是「神舟五號」的前端將會改成圓柱體，而不是「神舟四號」的半球體。「神舟五號」內部不會搭載科學實驗儀器，讓太空人擁有相對寬敞的活動空間。「神舟五號」雖然有三個座位，但是很可能只搭載一位太空人，而且只飛一天就返回地面。雖然不做科學實驗，但是「神舟五號」可能會外掛地面解析度 1.6 公尺的 CCD 相機，主要用於軍事偵察。果真如此，那就是美國太空船之外唯一擁有這種能力的太空船。

長征二己型火箭

　　不論太空船本身如何精良，如果沒有安全可靠而且推力夠大的

運載火箭，一切都是白搭。長征二己型火箭的構形是蕊箭分為二級，而且第一級蕊箭周圍綑綁四枚較小的火箭。全部都是液態推進火箭，使用 N2O4 氧化劑與 UDMH 燃料。這基本上是相當老而且很可靠的技術，幾十年前美國登月的農神五號火箭也是使用 N2O4 與 UDMH，歐洲現今的亞利安（Ariane）火箭也是使用同樣的推進劑搭配。

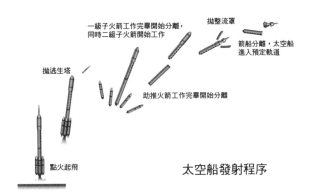

拋逃生塔　點火起飛

一級子火箭工作完畢開始分離，同時二級子火箭開始工作　拋整流罩　箭船分離，太空船進入預定軌道　助推火箭工作完畢開始分離

太空船發射程序

長征二己是一枚大型多級火箭，整流罩的後面依次串連著二級子火箭和一級子火箭，一級子火箭周圍聯繫著四個助推火箭，每個子級和每個助推火箭都是一個獨立的單元，發射程序如圖所示。（葉敏華　繪製）

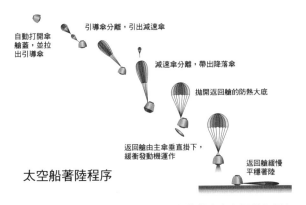

自動打開傘艙蓋，並拉出引導傘　引導傘分離，引出減速傘　減速傘分離，帶出降落傘　拋開返回艙的防熱大底　返回艙由主傘垂直掛下，緩衝發動機運作　返回艙緩慢平穩著陸

太空船著陸程序

太空船的返回艙準確返回地球，是每艘載人太空船所必須完成的任務。當返回艙進入著陸飛行階段，便利用降落傘系統和緩衝發動機來降低下降速度。（葉敏華　繪製）

長征二己蕊箭第一級長度 23.7 公尺、直徑 3.4 公尺、空重 9.5 公噸、全重 196.5 公噸，使用四具 YF-20B 發動機，總推力 665,800 磅。蕊箭第二級長度 15.5 公尺、直徑 3.4 公尺、空重 5.5 公噸、全重 91.5 公噸，

使用一具 YF-22B 發動機，總推力 177,200 磅，另有四具 YF-23B 調向發動機。四枚綑綁助推火箭每枚長度 16 公尺、直徑 2.3 公尺、空重 3 公噸、全重 41 公噸，使用一具 YF-20B 發動機，每枚推力 166,450 磅，四枚推力合計 665,800 磅。火箭發射全重 460 多公噸、起飛推力 1,331,600 磅。火箭高度大約 50 公尺。隨著每次發射任務的酬載質量與形狀不同，讀者有時候讀到的全高與全重與前述不同，而且每次任務之間也互有出入。如果是發射到 185 公里高、傾角五十七度的低軌道，長征二己的酬載可以達到 8,400 公斤。長征二己在發射前八小時開始加注推進劑，先加注燃料，後加氧化劑。另外，中國大陸的運載火箭本來相當多，但最近似乎集中努力在長征二己型。

中國大陸未來的載人太空飛行計畫

經過十餘年的努力，中國大陸的載人太空飛行體系已經形成太空船、火箭、發射場、太空應用、太空人、測控與著陸場等七大系統。推測其載人太空飛行計畫分成三大階段：（一）發射無人與載人太空船、將太空人送進低軌道、觀測地球與進行科學實驗、安返地球；（二）太空人出艙在太空行走、完成太空船交會與對接、發射長期無人飛行也可短期有人進駐的太空實驗室；（三）建造並布署長期有人進駐的大型太空站。

至於登月計畫的必要性，中國大陸內部目前似乎有不同的意見。簡單地說，登月行動在名義上是已經有人做過的事，而且基本上不涉及新的科學理論。但是一般而言，能夠自力在工程上實踐別人已經做

神舟號太空船太空飛行模擬圖。

過的事，卻仍然具有重大的意義。例如大家都知道日本汽車製造精良，連美國都比不上。但是那並不意味著其他國家自力製造與日本一樣精良的汽車是無意義的事或者不具有重大意義。能夠自力造出與日本同樣精良的汽車，不只是證明本身在工程方面的進步，甚至還有重大的經濟實惠。

（2003 年 10 月號）

大一統科技的危機與契機
——論大陸太空科技的前景

◎—景鴻鑫

太空科技毫無疑問的是中國人在二十世紀創造的奇蹟之一。回顧我國的歷史，類似的大一統科技奇蹟其實常常發生，如何避免重蹈傳統科技的宿命，作者提出了他的看法。

大陸的神舟五號即將升空，如果一切順利，將第一個中國人送上太空的話，大陸即成為全球繼蘇、美之後，第三個有能力將人送上太空的國家。太空科技毫無疑問是國力的象徵，否則美蘇不會在當年傾全國之力進行太空競賽。在象徵國力的太空科技發展上，大陸的表現是令全球震驚的。1950 年韓戰開打，美國與大陸直接在戰場上廝殺；1960 年，蘇聯赫魯雪夫下令撤走全部蘇聯專家，蘇聯與大陸開始交惡，自此之後，大陸的太空科技，乃至於整個國防工業，就在美、蘇聯合封鎖之下艱苦邁進。處於當時一窮二白的社會背景之下，大陸卻能在 1960 年發射第一顆飛彈，1964 年試爆第

一顆原子彈，1967 年試爆第一顆氫彈，並於 1970 年發射第一顆人造衛星。接下來在僅僅兩年之後，也就是 1972 年，美國尼克森總統在季辛吉的安排之下訪問大陸，國際局勢從美蘇兩強的競爭，一變而成為不等邊的三角關係。

從零開始

　　單看大陸的太空發展，就足以令人震驚，如果再將當時中國歷史與社會的背景，放在一起一併觀察，任何人都會從震驚轉為深深的困惑與不解，中共是如何在條件極端惡劣的環境中，達到如此成就的？中共在 1949 年建立政權，往前推一百年，也就是 1840 年，鴉片戰爭揭開了中國受東、西方帝國主義侵略與踐踏的序幕。1911 年民國成立之後，軍閥混戰，國民黨北伐，然後是八年抗戰。剛勝利，國共內戰旋即展開，最後是中共在死傷慘烈的內戰中獲勝，而建政之後次年，又跟美國在韓國打了一仗。一百多年來的戰亂，不斷的殺戮，無盡的破壞，這段時間內的中國，用承受天譴般來形容一點也不為過。在這樣的歷史與社會背景之下，大陸決定重拾從明代之後，停頓五百年的老祖宗遺產——火箭，從零開始發展太空科技，一共只用了十四年，就繼蘇、美、法、日之後，成為第五個太空俱樂部的成員，確實令西方國家為之震驚不已，並直接造成國際

情勢的改變。回顧歷史，確實，這段發展過程，用奇蹟來形容並不過分。

輝煌的過去

　　作家柏楊曾經說過：「中國人很善於創造奇蹟，但不善於維持奇蹟。」柏楊此言頗為中肯，惜未言明何以中國人會如此。太空科技毫無疑問的是中國人在二十世紀創造的奇蹟之一。回顧我國的歷史，類似的科技奇蹟其實常常發生。1974 年秦始皇的地下大軍——兵馬俑首次被發現，隨著數千個陶俑出土，大批的秦青銅兵器也重新回到人間，刀、劍、矛、戟應有盡有，特別是青銅寶劍，出土時仍寒光閃閃。經研究人員測定後，發現劍的成分含多種金屬元素，具有防腐防銹的功能。最特別的是表面有一層防腐的含鉻化合物的氧化層，而用鉻酸鹽處理金屬表面的技術，德國人在 1937 年才知道，美國人更晚，到了 1950 年才做到，整整比我國晚了二千年。

　　西元 1040 年，《武經總要》裡記載了三種火藥配方，是全世界最早的火藥資料。火藥用於戰爭最早的紀錄是西元 994 年，當時火器被用於鎮壓蜀民作亂。1161 年的采石之戰，我國就已使用原始火箭於戰場。外國使用火器最早為 1247 年的里昂之戰。到了明代，火器的使用更令人嘆為觀止，甚至出現了有翼火箭、兩節火箭（圖

一）、多管火箭等遙遙領先世界各國的兵器。明嘉靖年間，陝西總督曾銑曾描述其部隊：每一營（五千人大營）用霹靂炮三千六百桿，用藥九千斤，重八錢鉛子九十萬個，大連珠炮二百桿，用藥六百七十五斤，手把銃四百桿……。

西元 1405 年的 7 月 11 日，由六十二艘寶船組成的船隊，在震天鑼鼓聲中駛離了蘇州劉家港，開始了史無前例的航行，譜出了我國航海史上最光輝的篇章。這就是我國航海史上乃至世界航海史上的一次壯舉——鄭和下西洋（圖二）。當時明成祖為鞏固其統治，宣揚國威，組織了一支龐大無比的遠洋船隊，委任鄭和為總

圖一：位於大陸西昌的明代兩節火箭「火龍出水」雕塑。（張之傑　攝影）

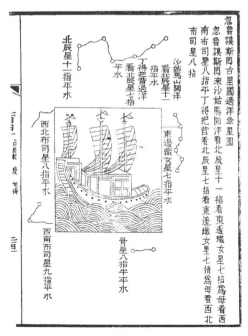

圖二：《武備志》載鄭和下西洋星圖。

兵，在 1405 年至 1433 年的二十八年中，七次下西洋，創造了人類遠洋航行的奇蹟。鄭和船隊規模之大、航程之遠，均為世界首創。船上除了大量水手和將士之外，還有許多種技術人員，共計二萬七千餘人。鄭和七次下西洋，並能順利返回祖國，主要是依靠當時高超的航海技術，與先進齊全的航海設備。明代，是我國造船業發展的鼎盛時期，那時已有了大型造船廠。鄭和所用的船大都在江蘇南京和太倉製造的，船型多為底平、吃水淺、適航性能好、桅多帆高，稱為「寶船」。當時最大的船其長有 44.4 丈，寬 18 丈，十二張帆。船上還裝有增加穩定性的披水板、梗水木及遇風浪時減輕船搖晃的「太平籃」，而且還使用了可以靈活升降的舵以及先進的水密隔艙等等。鄭和船隊在七次下西洋中，先後到達了南海、爪哇海、麻六甲海峽、安達曼海、孟加拉灣、波斯灣、亞丁灣、紅海以及印度洋的許多海域，訪問了越南、印度尼西亞及東非三十多個國家，航程五十多萬公里。鄭和下西洋比葡萄牙迪亞士 1489 年發現好望角早八十多年，比達伽馬 1497 年繞過好望角到達印度早九十多年，比哥倫布發現美洲「新大陸」早八十多年，比葡萄牙麥哲倫環球航行早一百多年。

大一統科技

當我們審視大陸現階段的太空科技發展的歷史，並與諸多我國古代科技的輝煌成就並列，我們赫然發現，大陸之太空科技事實上是完全沿襲了傳統我國「大一統科技」（金觀濤、劉青峰著《興盛與危機──論中國社會超穩定結構》）的發展軌跡。中國古代科技的先進，李約瑟在《中國之科學與文明》一書中有很清楚的描述。愛因斯坦曾說過，古人沒有做出與近代科學思想相似的貢獻，確實如此，但是中國古代賢哲卻在某種程度上推翻了這句話。雖然，近代科學技術是近代西方社會的產物，它不曾存在於任何一個古代文明中，而中古時代之前，人類對自然界的認識和改造能力，都處於相當低的水準，但是，中國的科技在古代卻達到了相當輝煌的成就。根本原因是，中國古代科學技術的發達，是由於它們處於一個獨特的社會結構之中，而且與大一統國家的出現密不可分。由於諸多原因，中國在很久遠之前就已形成土地遼闊、中央集權的大一統國家形式。大一統國家由於統治之所需而形成的強大組織力，配合成為國家意識形態的儒家倫理型的文化，使得統治階級極易匯聚各種資源與強大的生產力，並集中在某些對統治者有利的方面，在歷史上，一次又一次地創造出一系列令人嘆為觀止的「大一統科技」

奇蹟，使中國古代科技成就，遙遙領先西方國家一千五百年之久。

興衰的宿命

　　指南車（圖三）相傳為黃帝所發明，姑且不論這些傳說，歷史上明確記載，第一次發明指南車的，是西元235年三國時代魏國的馬鈞。指南車為世界最早的自動機械，同時也可以說是中國科技史，甚至世界科技史上，最奇特甚至可以說是畸形、詭異的一個例子，因為在可考的紀錄中，指南車失傳十次，重新發明成功六次。其他與指南車類似遭遇的科技先例，隨手可得。明代鄭和下西洋之時，中國是全球唯一超級強大的海權國家，到了清代末期，著名湘軍領袖之一胡林翼，當年看見兩艘洋輪馳於長江之中逆江而上，臉色大變，大受刺激，在勒馬回營途中嘔血，數月之後鬱鬱而終。明代的火器發展

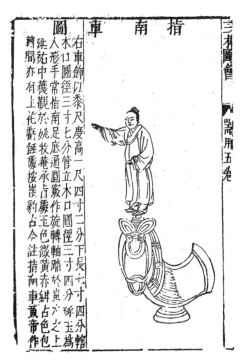

圖三：《三才圖會》指南車書影。

早已經達到非常先進的地步,但是當清代洋人使用洋槍洋炮打入中國的時候,清軍士兵賴以對抗的武器卻是長矛大刀。而西洋這些新式武器,正是從我國的火器不斷改進發展而來。類似的例子,在我國科技史上,可以說是史不絕書。

什麼樣的原因使得我國自古以來的科技,屢創奇蹟卻又不斷跌倒?很顯然的,這一類的大一統科技與大一統政府的存在是息息相關的。也正因為如此,大一統科技隨著中國特有之一治一亂的朝代循環而起伏,只要大一統王朝崩潰,或者是對統治者不再有利,這些先進的科技立刻受到致命的打擊,相關知識與經驗隨即湮滅。等到下一個新的大一統王朝建立之後,再從破壞殆盡的廢墟中,重新開始科技累積的過程。於是,我國科技發展就如此周而復始、循環不已,而始終無法突破所謂的李約瑟問題。

永續發展之道

大陸現在太空科技所達到的成就,毫無疑問的是我國又一次大一統科技的重現,隨著大一統政府的出現,資源的匯聚與生產力的集中,在高度中央集權的政府組織之下,投入太空的領域之後,果然再創高峰。但是我國的大一統科技,也全都逃不掉被大一統政府的興衰起伏牽著鼻子走的宿命。未來大陸的太空科技是否將會重蹈

覆轍，重演火器、航海的悲劇歷史？個人在此願意提出三個觀察重點，以就教於各方學者專家。

第一個是技術的開放。首先，當年的火器，雖然無法像西方繼續改進成洋槍洋炮，但是，鞭炮作為過年慶典、驅邪避鬼的技術，在我國卻是歷久不衰。另外，羅盤雖然未促成我國在大航海時代的領導地位，但是，羅盤用來看風水的知識卻依然盛行到今天，均未因朝代循環治亂而被破壞或失傳。這些事例都說明了只要知識技術流傳足夠廣，廣到封建政府無法完全掌控，則該知識技術就可以跳脫被拖進朝代循環的輪迴。

但是，又要如何才能強化知識技術的開放性呢？其中最重要的關鍵就是經濟動力。讓太空科技的知識擁有很強的經濟動力，擁有它的人有利可圖，則將驅使越來越多的人擁有它，從而促使開放性的強化。當然，要促成這一點，就有賴於大陸資本主義經濟結構的產生和發展。因此，大陸進入全球太空市場的競爭成敗，將影響到經濟動力的強弱。

第二個觀察重點是政經的分離。辛亥革命之前，我國的社會基本上可說是中央集權的封建宗法社會。政治力透過官僚體系，將控制力延伸到社會的每一個角落，並進行有力的干預，造成政治與社會、經濟的緊密結合。因而形成只要是政治結構在改朝換代中一旦

崩潰，必然帶動社會結構、經濟結構馬上隨之崩潰，使整個社會陷入完全失序的狀態。我國的大一統科技只是大一統王朝中特殊社會結構的產物，當然也必定跟著崩潰，或是根本就消失了。現在大陸的太空科技是否將如以前的傳統大一統科技一般，落入無法自拔的輪迴宿命，就要看太空科技能否獨立於政治的不當干涉之外，也就是能否避免或逐漸減少為政治服務，而讓市場或者是生態來決定科技演化的方向，以強化大陸太空科技的適應力，從而提高存活率。

　　至於第三點則是文化的改造。我國自古以來的大一統科技，毫無例外的被一治一亂的朝代循環牽著鼻子走。因此，只要斬斷政治對科技的不當干涉，或是拉開二者緊密相連的關係，情況必將有所改善，只是這終究不是根本解決之道。要根本解決這個問題，就得要改造中華傳統文化，使我國政治得以跳脫一治一亂的朝代循環。複雜科學的研究告訴我們，一個系統若處於秩序與混沌（chaos，其實用無常可能更適合）的平衡狀態，將擁有最佳的適應力，因為既可整合各部分的功能，形成競爭力，又可擁有適當的彈性與創造力，以應付突發的狀況。如果我們從這樣的觀點來檢視中華文化，很顯然的，中華文化極少處於秩序與混沌的平衡狀態，也就是秩序與混沌長期失衡。從歷史來看，中華文化形成的主要時期是春秋戰國，而這段時期社會最大的特色就是失範，即是全然的失序。戰場

上的殺戮，也達到了令人驚恐戰慄的地步，如長平之戰，秦國坑殺趙國的降卒就有四十萬，趙國最後滅亡之時，全國幾無十五歲以上的男子。中國文化中主要的思想均在此時形成，乃造成中華文化強烈追求和諧、避免動亂的潛意識。

其實中國人並不是那麼在意和諧與秩序，只是對無常充滿著恐懼而已，敝人將之稱為「恐懼無常潛意識」。由於中華文化獨有之恐懼無常的特性，造成中華文化在演化的路上，不斷的躲避混沌，屈就秩序，促成了獨尊儒術，為政治滲透到思想、文化、社會、經濟等各角落提供了絕佳的溫床與機會。另一方面，由於過度恐懼無常以及遷就和諧與穩定，使得秩序累積過度，造成適應力大幅下降，使得存活率也跟著下降。因此，個體或團體甚至整個國家為了存活下去，必須將混沌補償回來，結果造成了不論是在時間或空間上，只要在王權不及之處，混沌（無常）即立刻增加與擴大，或甚至過度補償，直接間接地形成了中國人不守法、陽奉陰違及所謂的潛規則等諸多惡習，在整個中國的尺度上，則形成了一治一亂的朝代循環。

因此，從演化與適應的觀點來看，中華文化必須糾正恐懼無常的潛意識，以徹底打破一治一亂的朝代循環。所以，觀察的首要重點，就在政治對無常或混沌的容忍度，如果政治力在不會造成劇變

（系統瞬間崩潰）的前提下，逐漸犧牲一些秩序，納入一些混沌，將可慢慢提高中國傳統政治系統的彈性，並提升其適應力，亦即混沌的補償是漸進式的。如此一來，讓秩序與混沌逐漸取得平衡，將可避免兩、三百年一次的混沌過度補償（革命），從而真正有機會跳脫一治一亂的朝代循環宿命，讓科技的發展得以永續。

（2003 年 10 月號）

飛安與文化

◎──景鴻鑫主講、曾昭中整理

景鴻鑫：任教於成功大學航空太空研究所

曾昭中：《科學月刊》特約記者

編案：成大航太系景鴻鑫教授應交大葉李華教授之邀，2002 年 5 月 29 日於交通大學作了一場「科技與文化」的演講，內容是從景教授的專業背景來探討飛航安全所牽涉科技與文化衝突的問題，並以其觀點指陳空難的根本肇因，同時也對政府政策提出相關的建言。由於內容深刻而發人深省，本書特予摘錄整理刊出，以饗讀者。

我國航太發展的矛盾

十八年前，我政府決定發展自主性的國防工業，並宣布將航太列為策略性明星工業，作為產業升級的火車頭，帶動產業轉型，從勞力密集的傳統產業轉成技術密集、高附加價值的高科技產業。之後，政府投下非常多的資源，並也獲得一些成果，像 IDF、天弓、天箭等軍備，都是那段時期陸續研發出來的。然而，十年前，美國老布希總統為了他德州的選票，提高德州選民的就業率，決定將 F-16

賣給臺灣。於是，已經花費上千億元，以及近十年時間的臺灣航太發展，就因此突然產生重大轉折。再加上從法國購買幻象戰機，造成有限資源的排擠，臺灣的航太工業發展立刻急轉直下，從欣欣向榮到奄奄一息，並直接造成臺灣產業升級的失敗。傳統產業由於技術無法提升，無法維持高工資而不得不出走，形成臺灣的產業空洞化，累積三十年努力的臺灣經濟奇蹟，就這樣日漸煙消雲散。臺灣進行將近十年，而且耗資上千億的政策，投注無數人力、心血與青春，關係到臺灣產業升級成敗的政策，竟然如此輕易的就犧牲掉，姑且不論目的是什麼，結果卻擺明是犧牲臺灣的航太發展與產業升級，而去支持美國的航空工業，提升美國人的就業率，以及為美國人布希助選！如此自取滅亡的行徑，竟然有人義無反顧的堅持執行，怎不令人困惑、迷惘？

　　1994 年 4 月 26 日，一架華航的飛機從臺北起飛前往日本名古屋，在最後著陸階段墜毀，二百六十四人罹難。經過兩年多的調查，公布的原因如下：飛機在降落的時候，操作飛行的副駕駛誤觸重飛桿，飛機的飛控電腦開始執行重飛的命令，而飛機的駕駛卻仍然在執行降落的動作，兩個相反的命令同時加在飛機上並發生作用，終於造成飛機失控而墜毀。因此，名古屋空難的原因，簡單的說，其實就是駕駛員與飛機的自動控制電腦發生衝突，雙方互爭飛

機的控制權，造成兩個相反的命令，竟然同時控制一架飛機。人與飛機之間的衝突，可以嚴重到造成二百多人死亡的空難！可以想見其中必有極為嚴重的問題存在。多年來，華航空難的發生如此頻繁，很清楚地說明了一點：真正的關鍵並沒有獲得改正。我國既不設計飛機也不製造飛機，百分之百只是個飛機的使用者。很顯然的，在我們使用飛機的歷史中，斑斑血跡說明了我們似乎不太會使用飛機。因此，如何協助我國飛行員安全有效的使用西方飛機，應該是目前航空界最迫切需要解決的問題才對。但是，當我們回頭檢視一下國內航空教育以及研發的內容後，卻讓人興起一個更大的困惑：明明我國既不設計飛機也不製造飛機，甚至在可預見的未來，我國仍然不太可能去設計與製造飛機；但是，國內幾乎所有的航空系所的教學與研發，不論是結構、控制、燃燒、推進、空氣動力，全都是指向飛具的設計與製造，何以我們會將幾乎所有的教育與研發資源，都投入飛具的設計與製造？僅僅做為一個使用者的我國，為什麼幾乎從來不討論怎樣使我國的飛行員能夠安全、有效的使用飛機，來降低高於世界平均水準三倍的飛機失事率？一個如此迫切需要解決的問題，似乎沒人關心，反而大家都去追尋一個根本就不存在的目標？這中間必然存在一個非常根本且重要的問題等待發掘與克服。所以，從那時起，我就開始從飛安入手來思考這一類問

題，並一腳踏入所謂的「科技與文化」研究領域，希望能找出問題之所在。

西方航空科技的特性

　　臺灣的航空事故基本上是所謂的文化衝突問題，雖然有很多人並不同意這樣的看法。國內經過多年討論後所得到的結論，幾乎都侷限在法規與管理的問題上，但是我覺得要從更根本的地方來看，比較能找到問題的癥結。我們做這樣的研究，目的是在試圖建立一些解釋架構，看看我們中國人到底有些什麼樣的習性，進而希望能釐清一些與航空科技發生衝突的現象。然後，把文化衝突導引到一種演化、適應的觀點上，最後再來談臺灣科技發展的一些根本問題。

　　首先，我們從西方航空科技的特性開始。我們應該了解，西方的航空科技是非常理性的。什麼是理性？若願意，當然可以找到許多書來討論，但這兒我們不擬如此，簡單的說，理性就是一就是一、二就是二，有一分證據說一分話的客觀態度，有就有，沒有就沒有。不會有絲毫情緒、人情、面子、關係、主觀、好惡等發揮的空間，因此所謂的理性也就是實事求是、精益求精的精神，西方整個航空科技就是本著這個理念貫徹到底所得到的成果。飛機在空中

飛行靠的是空氣的力量，而空氣卻是看不到也摸不著的。你需要依賴這樣的一個東西，讓飛機這龐然大物飛起來，因此設計上必須要非常的精準。航空的安全裕度（safety margin）是非常狹窄的，容不得有半點差錯，必須按步就班十分精確地操作，若不依照程序便會出狀況，乘客生命就堪虞了。所以，西方航空科技也是一種很精確的科技。西方人很注重飛機駕駛員的訓練，要長時間定期不斷地訓練才可能得到飛行執照。且美國飛機駕駛員的執照是有年限的，年限一過就不能駕駛。尤其是民航機駕駛員，不僅換機種要再訓練，甚至還有定期復訓。一切的訓練都是要求駕駛員保持最熟練的狀態來從事飛航工作。此外，飛行更注重的是協調合作，因為航空系統已經複雜到不是一個人的頭腦和身體協調就可以掌握的，必須要很多人共同合作才能完成整個飛航過程，故航空可以說就是人與人之間必須密切合作的一項工作。除了以上這些特性之外，航空還很注意經驗的傳承，由於航空的發展常常會進入人類並不了解的領域，常常是事故發生了，犧牲許多人的性命之後，人類才了解其原因，造成真象的追尋，與相關經驗的傳承異常重要，否則就會重蹈覆轍，平白犧牲無辜的生命。

飛航事故的發生

用非常理性的態度來看，航空運輸其實是非常安全的。就機率的角度而言，航空事故發生的次數在總飛航次數上所占的比例其實是相當低的。但是，任何人都很難不被感染，也很難以毫無情緒與感性的態度來討論航空事故，因此，任何的空難都會引起相當情緒化的反應，尤其是被牽涉入航空事件的相關人們，造成事故發生的真正原因不是被忽略，就是被掩蓋，或甚至被遺忘。

飛機在空中飛行時是相當安全的，只有在很靠近地面時才較為危險。飛機如果在 3000 公尺的高度失速，駕駛員還有機會將飛機拉起來。但若是在 200 公尺失速就完了。曾經就發生過這樣的情況，有次華航班機飛回臺北，在三萬呎高空，不曉得什麼原因飛機突然失速，當時駕駛員拼命將飛機拉起，拉到 9000 多呎高才穩住。如果當時開始失速的高度少於二萬呎的話，飛機就撞地了。絕大多數的事故，都是發生在降落和起飛的階段，飛機本身很少在空中解體或爆炸，而降落更是最關鍵的時刻。在時間上，降落占整個飛行時間的比例很少，只占整個飛行時間的 4%，但占飛機出事的比例卻很大，高達 49.1%！所以，計算航空事故的單位都是起降次數，而不常以飛航時數或飛行距離為單位。而起降次數的計算單位是百萬次，所以

想想看，你一輩子會搭乘幾次飛機呢？曾有人計算過，就算是你每天搭飛機，遭遇空難的機率是兩千年一次。雖然如此，每一次降落仍然是風險最高、最危險的一刻。

在正常狀況下，坐在視野很受限制的駕駛艙內，要能很清楚外界所發生的狀況，以及要感覺到剛好可以下降的高度是非常不容易的。飛行訓練的一個關鍵目標，就在訓練駕駛人知道輪子離地只有10至15公分的感覺，以及從非常遠的高空就要開始對準跑道的降落操控。因為當飛機開始要跟地面接觸，必須在一種設定好的狀態下進行，若在沒有設定好的狀態下接觸，就稱為「意外事故」，大一點的意外事故我們就稱為空難！所以，一定要以某個特定的角度、速度，在某個特定高度的狀態下落地，才不會跟地面發生不良接觸。就像在狹道上開車一樣，絲毫大意不得，只要稍有疏失就會釀成災禍。

空難原因歸咎於人

每次發生空難事件之後，你可以聽到大多數人都在談機械因素、氣象因素、人為因素等各種失事原因，這種分類法是波音公司根據歷年空難原因歸納而得的。他們將空難主因分成好幾大項，其中當然有機體本身、天氣、機場，以及維修、航管等問題。當在飛

機上找不到前面所列的諸多失事原因的證據時，通常就歸咎於人。因此，所謂的人為因素就占了所有失事主因的七成至八成。事實上，每一次的事件，都是一連串的肇因互相影響、串聯而成的。由於飛行員是飛機的操控者，不論發生任何事情，最後其結果都是要飛行員來承擔，當然也有很多事件確實是飛行員犯錯，造成只要發生事故，飛行員幾乎必然捲入其中。另一方面，駕駛者在空難時也跟著罹難的可能性很高，根本無法替自己辯護，形成了只要找不到其它肇因的具體證據，就把責任都推到駕駛員的頭上，反正人已經死了，就當作是對這社會的貢獻。所以，空難肇因中人為因素的比重才會這麼高。老美就寫過好幾本書，表達非常強烈的不滿。一旦發生空難事故，駕駛員也是受害者，把失事責任全都推給他，一方面很不公平，另一方面也很容易掩蓋真相。

航空事故的地區性

　　波音公司曾經做過一個分析，他們根據 1987～1996 年全世界的航空事故的統計數據，計算全球各不同地區每起降一百萬次發生重大事故的次數，所謂重大事故有個標準，就是飛機受損的程度嚴重到不能或不值得修復。依照地緣關係所得到的統計數字是這樣的，北美洲 0.5、南美洲 5.7、歐洲 0.9、非洲 13、中東地區 2.3、東南亞

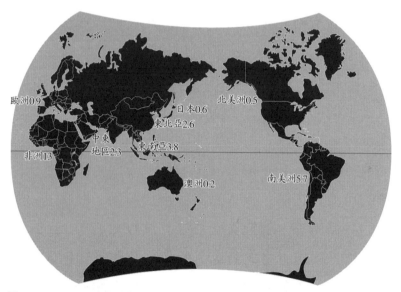

圖一：1987～1996 年全球重大航空事故發生率。（單位為飛機起降一百萬次所發生的重大事故次數）

3.8、東北亞2.6、日本0.6、澳洲0.2，全世界的平均值則為1.5。很顯然的，東南亞、南美洲、非洲的失事率遠高於北美、歐洲、澳洲。何以故？如果航空事故的發生有七成至八成都是人為因素所造成，很顯然的，這樣的數字意味著這些地區的飛行員素質、技術真的是比較差。波音公司曾經進行過更為詳盡的分析，他們把人為因素挑出來，並更進一步將人為因素中的具體行為再細分。統計顯示，在相當高比例的人為因素造成之意外事故裡，都出現了沒有遵照操作

程序的具體行為。全世界所有的飛航事故中，出現這樣行為的失事幾乎占了一半。如果再以地緣來分，美國、加拿大的意外事件中有41%出現該行為，歐洲空難事故裡犯這種錯的占 38%，中南美占48%、亞洲占 52%。意思是說，亞洲飛航失事的原因中，有超過一半的事故中，均出現飛行員不遵守操作程序的具體行為。從這些數值的表面來看，可以得到一個結論，那就是亞洲人果真比較不守規矩。依個人觀點，這些數據所顯示的真正意義，並非如此的膚淺，反而清楚的顯示出問題的核心。

幾乎全球所有的商用飛機都是西方國家設計與製造的，甚至使用的軟體，包括其中各類規則、程序、管制等，也都是西方人設定的。甚至人員的操作訓練，依然也是西方人所設定的。所有的一切，包括整個航空環境，都是西方人所建立的。西方人建立的航空環境，有考慮到我國飛行員的適應問題嗎？我的重點是，這個數據代表一定有什麼地方不對，但何以見得是我們駕駛員的不對呢？表面上看，既然航空的環境都是一樣的，唯一不同就是人，因此該數字所顯現的差異，必然是因為人的因素所造成。因此，常聽到有人說，我們駕駛員的訓練素質不好或生活不正常，或是從空軍帶來的習性不好。直覺上，大家會很自然的接受這種講法，而認為理所當然。但是，任何的飛航問題都是系統問題，既然是系統問題就要用

系統觀點，才不會失之偏頗。以上的數據，有沒有可能並不是因為我們的駕駛員不好而造成，而是你們設計的飛機不好呢？當我國的駕駛員跟西方飛機相互間發生杆格的現象時，為什麼就一定是我國駕駛員的錯呢？我們每一個人買手機都要試試手感好不好，都知道科技應該以人為本，為什麼碰到飛航問題時，我們就不但不以人（我國飛行員）為本，甚至不用系統觀點，反而採取百分之百的西方觀點而承擔下所有的苦果？這是怎樣的一種心態呢？跟我國過去十年，以毀掉自己的航空發展去扶持美國的航空工業的自取滅亡行徑，有無任何關聯？又跟我國不去解決迫切需要的問題，反而浪費有限的資源去追尋一個根本就不存在的目標又有何關聯？

　　上述的數據很清楚的呈現出地緣的差異，並可以肯定確實存在某些問題。我個人傾向是採取比較持平的系統觀點，而認為問題的根本關鍵，發生在人與飛機之間相容性的問題。西方人在建立航空系統之時，必然基於一些根植於西方社會的基本假設。同樣的，我國的飛行員在操作飛機時，必然也基於一些根植於東方社會的基本假設。這兩套極為不同的基本假設，在飛機的駕駛艙中相遇，要不發生衝突根本就是不可能的事！舉一個非常簡單的例子來說，當你寫個中國字「我」的時候，是先撇右下方這一撇，還是先點右上方那一點？其實兩者都有。現在假設各位是美國人，我說 My name is

John，John 怎麼寫？寫完 Jo 之後，是先寫 n 再寫 h？還是先寫 h 再寫 n？「絕對」不會有人先寫 n 再寫 h！每一個中國人從小寫中國字，透過中國字去認識這個世界；跟一個從小寫英文，並透過英文去認識世界的美國人，其中有什麼差異呢？有沒有可能序列式的英文造成西方人比較遵守規矩與程序？而習慣圖像式認知的中國人，比較不守規矩？

綜合以上的分析，我個人認為唯有從文化的觀點來重新檢視飛安的問題，才有可能釐清真相！甚至其它與我國科技發展有關的問題，如為什麼碰到飛航問題時，我們就不能以人（我國飛行員）為本，甚至不用系統觀點，反而採取百分之百的西方觀點的問題；以及我國過去十年，以毀掉自己航空發展去扶持美國航空工業的自取滅亡行徑；乃至於我國不去解決迫切需要的問題，反而浪費有限的資源去追尋一個根本就不存在的目標的問題；歸根究底，這些現象都是文化問題！

文化是什麼？

文化，是一群人活動的共同行為模式。指單一個人時叫做個性，但如指一群人所擁有的相同個性，就叫做文化。文化是人類特有的適應環境的方法。當我們不知道某一群人為什麼會這樣，若把

他們的歷史全找出來，看看到底發生過什麼事情，當能了解這些文化的成因。因為要在那樣的環境，包括自然及社會環境下生存，就一定要發展某些技能才能活下去。當你不自覺地做一個動作，旁邊的人問你為什麼這樣做，但你卻答不出來時，這種現象就是文化。例如日本人鞠躬要九十度，因為這已內化成本能而從意識層面消失了。總之，為了要在某個環境下圖存，必須建立某種技巧使其形成規律，久而久之習而不察內化為本能，就叫做文化。就像面對紅綠燈時的行為一樣。在臺灣習慣闖紅燈的人，到美國留學之後，為了生存，就算半夜也會遵守紅綠燈規則。因為在那環境裡，必須守法才能立足，人並沒有變，只是調整行為模式，所以一回到臺灣之後，又故態復萌再闖紅燈。文化有三個層次，第一個層次包括語言、文字、食物、建築和藝術，是眼睛看得到的東西。第二個層次深一點，包括價值、規範、道德、善惡等等，是看不見的但卻想得到的東西。第三個層次最深，是有時想都想不到的東西，就是有關這群人長久以來基於生存而演變出來，早已內化在潛意識裡面的基本假設。

飛航安全與文化

　　講到飛航安全，根據嚴謹的學術研究後發現，影響飛安最大的

文化變數就是威權,尤其是東方國家的威權。所謂威權,指的是由於身分地位不同所造成的盲目服從心態,或是造成心態與行為的扭曲。威權對飛安的影響很大,比如說發號施令的角色扮演,正駕駛與副駕駛之間的權力關係,以及其所造成協調合作關係的扭曲等,都是威權的典型。中國人的威權文化更是深深的蘊涵在我們的血液裡,並養成了我們根深蒂固的一些習性。現在讓我們重新檢視名古屋空難這一案例,即可了解威權對飛航安全的影響有多大。八年前,華航在日本名古屋發生空難,我們來看一下座艙通話紀錄器所記錄的幾段對話:

14'10:你碰到那個 go level 了。(正駕駛說)

　　　(因為飛機的操控十分複雜,要做很多動作才能執行重飛,但設計時已簡化成只要按某個鈕,電腦就會自動操作。所有配合的動作交給電腦去協調,駕駛員只要按鈕就行了。這裡正駕駛在告訴副駕駛,說他好像按到那個 go level 鈕。事實上並沒有要重飛,只是副駕駛不小心碰到的)

14'11:對對對我碰到了。(副駕駛承認)

14'12:我們不要重飛,你把它解掉,解掉。(正駕駛說)

（這時副駕駛正要降落，兩個相反的命令正在執行）

14'20：（出現了要去解除重飛鈕的聲音）

（副駕駛做了一次解除重飛的嘗試）

14'34：沒關係沒關係，慢慢解。（正駕駛說）

（副駕駛一直努力想解，而正駕駛也知道）

14'39：（聽到同一個解除的聲音）

（正駕駛又問了一次）

14'45：你還在重飛模式噢（正駕駛說）

（正駕駛提醒副駕駛重飛命令仍未解除）

是是是（副駕駛也知道）。

14'51：沒辦法，我還是推不下去。（副駕駛跟正駕駛說）

14'58：我剛剛那個 land mode 了嗎？

（正駕駛說，解掉之後應該就是執行降落的模式了）

15'01：沒關係，慢慢來。（正駕駛說）

（很顯然，副駕駛還沒解掉重飛命令）

15'03：我來我來！（正駕駛終於受不了啦）

（這時候飛機由於執行重飛而一直往上衝）

15'08：怎麼搞的？發生什麼事了？（正駕駛說）

（他也試著解除，結果也解不掉。飛機頭已經拉的很高

了，再不趕快解掉，飛機就會掉下來，現場十分慌亂）

15'11：怎麼會這個樣子？（正駕駛說）

（在這裡聽到正駕駛重複著副駕駛做過的解除動作。再過個幾秒，警示聲開始響起，警告飛機已經非常接近地面）

以上是從失事報告原文裡節錄出來的，由這些對話，我們可以發現：

（一）副駕駛為什麼不早點說出「我不會解除的操作」？

很顯然他不知道如何解除。但是如果早講，至少還有一分鐘的時間來應對，就算正駕駛也不知道，可以馬上問塔臺，至少救回來的機會增大。結果是不思此圖，反而一直嘗試著做錯誤的解除動作，毫無助益。

（二）正駕駛為什麼不提早幫他解掉呢？

在14'10時正駕駛就知道了，到15'03才說我來。花了一分鐘慢慢等。為什麼他要等？為什麼不自己解掉？已經非常接近地面了，身為正駕駛應該馬上接手才是。關鍵就在於，正駕駛接手後竟然跟副

駕駛一樣，做相同的解除動作，由此證明兩個人都不會。在此情況下，一個不敢講，一個不願意講。正駕駛以為副駕駛大概會，副駕駛以為正駕駛一定會，結果兩個都不會。

　　西方人大概無法理解他們兩人到底在做什麼，同是中國人的我們看完之後，必然會有更深的感觸。很明顯的，副駕駛心虛不敢立刻說出不會解除重飛命令，根本原因是怕被懲罰，中國威權文化中典型的下屬面對上司的習慣心態。而正駕駛也不會解，卻同樣不跟副駕駛說，只是等著副駕駛去完成工作，中國威權文化中典型的上司維持「長官英明」形象的習慣心態。

科技與文化

　　很顯然的，中國的威權文化造成了駕駛艙中，西方人設計之正常的飛航操作程序受到明顯的扭曲，說明了我國文化與西方航空科技之間的衝突其實是相當嚴重的。如果我們從一個更宏觀的立場，來檢視我國文化與西方航空科技之間的衝突，我們將會發現，它只是我國在一百六十年來，學習西方科技所形成的諸多衝突中的一個例子而已！

　　自從 1840 年鴉片戰爭以來，中國人被西方科技以船堅炮利的面貌，所徹底懾服。一百六十年來，我們一直在學習西方科技，希望

能迎頭趕上並復我華夏之漢唐，其間並形成了到今天都尚未止息的路線之爭。從師夷長技以制夷，到取西人之器數之學，以衛吾堯舜禹湯文武周公之道；甚至還有西學中源說；中學為體，西學為用更是一度成為顯學。全盤西化則是民國後胡適所大力提倡的路線；到了五四運動標舉倫理、民主、科學的大旗；乃至於進入二十一世紀後，更有人提倡徹底學習西方之科學哲學。一百多年來的蹣跚學步，結果如何？

1873 年，李鴻章所支持設立的江南製造局所製造的雷明頓式後膛步槍：「比起進口的雷明頓式步槍，這些自造的槍枝不但成本高昂，而且性能差，連李鴻章自己的淮軍都拒絕使用，槍枝仍需倚賴進口。」現在呢？如果我們以經國號戰機來對比：「比起進口的戰機，這些自造的戰機性能較差，國軍勉強使用，戰機仍需倚賴進口。」

任何再粗略的觀察，都會發現，雖然已經過了一百多年，我國似乎仍然在苦苦追趕西方科技，相對之間，似乎並沒有多大的改進！這樣的成果，說明了我們並沒有走對路，以至於老是追趕不上。依個人觀點，我認為這一百多年來學習西方科技的基本思維有問題，從一百多年前的師夷長技以制夷，到今天的徹底學習西方之科學哲學，基本上都是「移植」的思維。如果我們接受文化也是一

圖二：（Ａ）中國傳統器物上常見之龍的造形（洪文慶攝）；（Ｂ）中國大陸長征三號火箭（張之傑提供）；（Ｃ）火龍出水（張之傑攝），將龍的形象融合在火箭科技中。

種有演化現象的生命的話，我們應該可以接受「移植」的作法是不會成功的。

自從鴉片戰爭以來，科技似乎就跟我國文化對立了起來，科技成為外來的東西，一旦引進我國，我國的文化體質就常常產生排斥作用，航空事故就是一個明顯的例子。但是，我們應當了解，自古以來，我國的科技與文化從未發生衝突過，因為科技根本就是文化的一部分！圖二（Ａ）是龍的造形，夠中國、夠文化吧！圖二（Ｂ）則是中國大陸所發展的長征三號火箭，夠科技吧！理論上，此二者是毫不相關的兩個東西。圖二（Ｃ）則是我國明代的兩節火箭火龍出水。火龍出水既是龍又是火箭，在火

龍出水的身上，可曾存在著一絲一毫科技與文化間的衝突？完全沒有！何以故？理由無它，只因為火龍出水並非移植，而是自本土成長出來的！

我國的飛安表面上看是文化衝突的問題，本質上，其實是演化適應的問題！亦即是我國的文化，在西方科技所造成的環境中，為了存活而不斷改變自身以求適應而已。文化是一種具有生命現象的有機體，文化當然有演化的現象。所以，用演化的觀點來看文化，可能比較貼近真相。我們今天談論科技與文化所衍生出來的各種問題，我認為，只有從這個觀點著手才行得通，不只臺灣，甚至中國大陸也都應該這樣走。對中國人來講，鴉片戰爭之前，科技跟文化從來就沒有分開過。鴉片戰爭之後，西方知識的湧入過於快速，對中國人來講實在是快到讓人很難適應，環境變遷得太快，所以開始產生文化衝突。但是因為我們從來不回歸到最基本面，並從生命的本質來看這個問題，所以才會每次提出的方法，本質上都是移植，使得我國科技的發展，一再的墮入輪迴，無法覺悟、無法超脫。遠的不講，當年我念大學時，清華大學正在開發電動車，還從新竹開到臺北，造成很大的轟動，但可惜只是曇花一現，之後並沒有持續發展。十八年前，政府大力提倡航空科技，還造了 IDF、天弓、天箭，現在似乎沒人再提航太了。目前政府又在大力推展生物科技與

奈米科技，在我看來這又是一次新的輪迴而已，因為還在移植。

走出自己的路

　　任何事件都有三個面相，第一個是事實，就是實質上發生的事實。第二個是真相，就是隱藏在背後的真理。第三個是解釋，也就是針對事實所提出的說明。舉最簡單的例子——月蝕來說，我們看到的事實是月亮不見了，真相是地球的影子遮住了月亮，然後解釋有千百種，包括月亮被天狗吃掉了等等。所有的科學思想與學說理論，只不過是一個解釋而已，牛頓力學是，相對論也是，通通都是，都只是個解釋而已。既然只是解釋，為什麼我們不依據自己的需要，考量自己的環境，來建立自己的解釋系統呢？即便是同樣的科技，我們一樣可以建立屬於自己的解釋系統。針灸就是個最好的例子。針灸是建立在與西方醫學完全不同的思維上，所發展出來的學問。針灸是西方人所承認的醫療行為，但當把身體打開來看，卻看不到有什麼經絡氣脈！所以，同樣的科技也可以存在不同的解釋架構。

　　中國人曾經在春秋戰國時代，針對各種問題建立了各種不同的學術領域，也就是所謂的儒、道、墨、法等之九流十家。兩千年來，似乎沒有再出現任何新的一家。同時，一百多年來，針對西方

科技所引用的移植思維，也已經證明是到了需要改弦更張的地步了。而人類科技的發展，更是已經達到可以改變整個地球、甚至人類自己，造成無人可以逃離科技的影響，包括我們中國人也一樣。

　　因此，二十一世紀，確實是到了中國人該思考如何面對科技，從生命本質以及演化觀點，以建立產自本土，符合我們需要之全新解釋架構的時候了。也就是建立九流十家之外的新的一家：科技家！中國需要重新面對科技，趕快建立一套觀點，教導所有人這些思想，讓他們有正確的觀念去面對科技，以免再重蹈移植的覆轍。也只有發展出自己的一套科技思想，才有跳出輪迴的機會。面對西方科技，我們只有站穩立場，走自己的路才有希望，除此之外別無他途。

（2002 年 8 月號）

《奇妙的動物世界》
程一駿　主編
定價　　320元

　　本書依文章的性質，分成介紹動物、生態、行為
與演化、破壞與保育及開發與利用等五大主題。將以
介紹奇妙的動物世界及其生態為主，並介紹各種無脊
椎和脊椎動物，和一些十分吸引人的物種如大熊貓及
各種活化石等。同時介紹動物世界中奇妙的生態，讓
本書增加不少閱讀上的樂趣。由於國內有關介紹野生
動物的科普書籍非常之少，冀望本書將成為一本包含
陸地和海洋動物的科普書籍，這對國人增加動物的了
解，會有很大的助益。

《愛滋病肆虐三十載》
江建勳　主編
定價　　290元

　　二十餘年來，學界經常刊登有關愛滋病的相關文章，絕大部分都是根據最新科學研究結果，討論到疾病的各種層面包括病毒基礎、傳播途徑、疫苗研發、雞尾酒藥物作用等等。2011年是發現愛滋病的三十週年，本書編者為讀者整理出三十年來愛滋病整個發展過程的回顧，但望有興趣的讀者可藉閱讀本書增加對此長時間困擾世人的疾病稍加了解，在與朋友談話時可作為助興與警惕之用。

100台北市重慶南路一段37號

臺灣商務印書館　收

對摺寄回，謝謝！

傳統現代　並翼而翔

Flying with the wings of tradtion and modernity.

讀者回函卡

感謝您對本館的支持，為加強對您的服務，請填妥此卡，免付郵資寄回，可隨時收到本館最新出版訊息，及享受各種優惠。

■ 姓名：_____ 性別：□ 男 □ 女

■ 出生日期：_____年_____月_____日

■ 職業：□學生 □公務(含軍警) □家管 □服務 □金融 □製造
　　　　□資訊 □大眾傳播 □自由業 □農漁牧 □退休 □其他

■ 學歷：□高中以下（含高中）□大專 □研究所（含以上）

■ 地址：_____
　　　　_____

■ 電話：(H) _____ (O) _____

■ E-mail：_____

■ 購買書名：_____

■ 您從何處得知本書？

　　□網路 □DM廣告 □報紙廣告 □報紙專欄 □傳單
　　□書店 □親友介紹 □電視廣播 □雜誌廣告 □其他

■ 您喜歡閱讀哪一類別的書籍？

　　□哲學・宗教 □藝術・心靈 □人文・科普 □商業・投資
　　□社會・文化 □親子・學習 □生活・休閒 □醫學・養生
　　□文學・小說 □歷史・傳記

■ 您對本書的意見？（A/滿意 B/尚可 C/須改進）

　　內容_____ 編輯_____ 校對_____ 翻譯_____
　　封面設計_____ 價格_____ 其他_____

■ 您的建議：_____

※ 歡迎您隨時至本館網路書店發表書評及留下任何意見

臺灣商務印書館 The Commercial Press, Ltd.

台北市100重慶南路一段三十七號 電話：(02)23115538
讀者服務專線：0800056196 傳真：(02)23710274
郵撥：0000165-1號 E-mail：ecptw@cptw.com.tw
網路書店網址：http://www.cptw.com.tw 部落格：http://blog.yam.com/ecptw
臉書：http://facebook.com/ecptw